中国海洋油气地质学

康玉柱　康志宏　编著

中国石化出版社

图书在版编目（CIP）数据

中国海洋油气地质学 / 康玉柱，康志宏编著. — 北京：中国石化出版社, 2020.11
ISBN 978-7-5114-6037-0

Ⅰ. ①中…　Ⅱ. ①康…②康…　Ⅲ. ①海上油气田—石油天然气地质—研究—中国　Ⅳ. ①P618.130.2

中国版本图书馆CIP数据核字（2020）第227277号

中国石化出版社出版发行
地址：北京市东城区安定门外大街58号
邮编：100011　电话：（010）57512500
发行部电话：（010）57512575
http://www.sinopec.press.com
E-mail:press@sinopec.com
北京柏力行彩印有限公司印刷
全国各地新华书店经销
*
787 × 1092毫米16开本11.25印张168千字
2020年12月第1版　2020年12月第1次印刷
定价：88.00元

编委会

主　编：康玉柱　康志宏

参　编：李会军　文志刚　王海荣

　　　　刘　岩　王纪伟

前　言

当前世界经济处在快速发展进程中，世界能源的生产和消费正在发生重大变革，能源低碳化越来越明显，全球在海洋中的勘探、开发活动非常活跃。海洋是我国未来油气工业长期发展和油气资源开发的重点，习近平总书记指示要提升油气勘探开发力度，保障我国能源安全。2016 年科技大会上，习近平总书记明确提出要得到这些保障，就必须向深海进入，在深海探测、深海开发方面掌握关键技术。韩正副总理提出要大力提升我国油气勘探开发力度，特别是要提升海洋油气勘探开发力度，认真研究事关国家能源安全问题，要有长规划和稳定的政策支持。海洋油气是全球油气主要增量区，深水区是全球重要接替领域，深海油气资源开发更多的技术难题有待攻克，更多的奥秘有待探索。

中国海域总面积达 $300 \times 10^4 km^2$，包括渤海、黄海、东海及南海。这四个海洋所处的大地构造部位差别较大，但各有特色。北黄海是中朝陆块的一部分，南黄海是扬子陆块的一部分，东海是华夏陆块的一部分，南海海域首次确立为独立南海地块。各海洋的地层沉积及构造特征及演化差别较大，油气地质条件各有特色。我国海域油气勘探开始于 1965 年，在渤海、东海及南海已发现多个油气田及大油气田。特别是南海海域，目前已发现 400 多个油气田，并且成为世界上天然气水合物成藏条件最优越的地区，资源潜力大。

本书从我国各个海洋地层沉积体系、构造体系、盆地原型及演化、油气地质、油气资源潜力及油气分布规律及有利区等方面进行全面系统的论述。首次明确了南海地块的存在，系统评价了中国海域油气资源，提出了油气分布规律和油气勘探有利区。

本书由康玉柱、康志宏担任主编，李会军、文志刚、王海荣、刘岩、王纪伟参编。全书编写过程中，广州海洋地质调查局提供了大量参考资料，在此表示感谢。由于编者水平有限，书中如有不妥之处敬请读者批评指正。

目　录

第一章
地层沉积概况

一、渤海海域

（一）太古界—下元古界

主要岩性为变质程度较深的混合岩，黑云母片麻岩、片岩等。厚度变化大，500~2500m。

（二）中—上元古界

自下而上包括长城系、蓟县系和青白口系。

1. 长城系

常州沟组：浅灰色块状石英砂岩。厚度 300~1000m。

串岭沟组：甲黑色页岩气底部为含铁石英砂岩。厚度 500m。

团山子组：灰色含铁白云岩夹砂岩及黑色页岩。厚度 500m。

大红峪组：灰色石英岩及灰岩。厚度 100~500m。

高于庄组：灰色灰岩。厚度 200~1500m。

2. 蓟县系

杨庄组：紫红色页岩及白云岩。厚度 700m。

雾迷山组：灰色白云岩及灰岩夹燧石层。厚度 3000~5000m。

洪水庄组：黑色页岩夹白云岩及砂岩。厚度 180m。

铁岭组：灰色含锰白云岩及局部锰矿。厚度 300m。

3. 青白口系

下马岭组：黑灰色页岩夹粉砂岩。厚度 500m。

长龙山组：石英砂岩含海绿石。厚度 150m。

景儿峪组：灰色泥晶灰岩及页岩。厚度 200m。

（三）古生界

1. 下古生界

渤海海域钻井揭示的下古生界主要分布在辽西凸起南部、石臼坨凸起、沙垒田凸起和渤南低凸起上，埕子口凸起也有下古生界分布。包括寒武系和奥陶系，缺失上奥陶统以上的下古生界，为一套碳酸盐岩为主的地层，岩性以厚层碳酸盐岩为主，少量泥岩，沉积相类型主要为台地相和潮坪相。

1）寒武系

（1）下寒武系：

辛集组：灰色泥岩、白云岩及灰岩。厚度 0~370m。

馒头组：深灰色、灰黑色页岩夹薄层灰岩。厚度 34~220m。

毛庄组：灰色页岩夹灰岩。厚度 42~120m。

徐庄组：灰色灰岩夹泥页岩。厚度 32~140m。

张夏组：灰色灰岩夹泥岩。厚度 83~290m。

（2）上寒武系：

崮山组：灰色灰岩及泥岩。厚度 16~130m。

长山组：灰色灰岩与泥岩互层。厚度 8~70m。

凤山组：灰色白云岩夹泥岩。厚度 46~150m。

2）奥陶系

下奥陶统：

冶里组：灰色白云岩。厚度 29~170m。

亮甲山组：下部为灰色白云岩，上部为灰色泥质白云岩。厚度 35~210m。

下马家沟组：灰色白云岩、灰岩及泥岩夹石膏。厚度 64~320m。

上马家沟组：灰色白云岩、灰岩夹石膏。厚度 255~330m。

峰峰组：下部为灰色白云岩夹石膏，上部为灰色灰岩。厚度 0~240m。

平凉组：黑灰色泥页岩及灰色灰岩。厚度 0~450m。

2. 上古生界

晚古生代加里东运动整体抬升，使渤海海域缺失志留系、泥盆系和部分下石炭统，仅保存了上石炭统和下二叠统，仅在埕子口凸起、埕北低凸起和石臼坨凸起少数探井中钻遇，剖面不完整，分层依据尚不充足。其与下伏下古生界间为平行不整合接触，石炭系与二叠系之间的接触关系确定为整合接触。

1）石炭系

为一套海陆交互相沉积，砂泥岩为主夹海相灰岩和煤层，底部常见铝土岩。

中—上石炭统：上部主要岩性为灰色砂岩、深灰色泥岩、生物灰岩及灰质白云岩互层；下部为灰色安山质砂岩。条件相似，属海陆过渡环境。

2）二叠系

以河湖沼泽相含煤碎屑岩和红色杂色碎屑岩为主，岩性有黄绿色、紫红色致密砂岩，黄灰色泥岩夹煤层，铝土岩。

自下而上：

第一岩性段：底部为一层块状砂岩；下部为灰色砂岩，深灰色泥岩互层夹灰白色薄层霏细岩；上部为灰色砂岩、灰黑色泥岩夹多层煤层和碳质页岩及少量凝灰质砂岩。视厚度 62.5m。

第二岩性段：以灰绿色，紫红色泥岩为主，夹灰白色砂岩、砂质泥岩、碳质泥岩及煤层；底部夹二层霏细岩和一层安山岩。视厚度 156.5m。

第三岩性段：灰白色、灰绿色细砂岩、砂砾岩、泥质粉砂岩、凝灰岩夹煤。厚度 114.5m。

第四岩性段：浅褐灰色、紫红色白云质砂岩，白云质粉砂岩。视厚度 80m。

（四）中生界

中生界在渤海海域分布广、厚度大，普遍钻遇，除沙垒田等凸起顶部外，在广大地区都有分布。主要为侏罗系和白垩系，三叠系尚未发现。

1. 侏罗系

1）中—下侏罗统

在渤海海域分布比较局限，主要见于歧南、埕北低凸起和沙垒田凸起的东坡。其岩性下部为褐色泥岩、页岩、砂质泥岩夹碳质页岩，含少量灰色泥岩及煤层；上部以灰白色、浅灰色砂砾岩、含砾砂岩为主夹灰绿色，浅灰色泥岩、凝灰质砂岩和煤层。中—下侏罗统以发育煤层为特征，形成含煤型剖面。最大厚度 380m，一般厚度 300~330m。

2）上侏罗统

分布范围较广，其岩性下部为灰白色凝灰质砂岩夹杂色凝灰岩、泥岩、白云质砂岩；上部为灰白色、紫红色凝灰岩为主夹灰绿色泥岩及凝灰质砂岩。上侏罗统火山岩广泛发育，主要分布于石臼坨凸起东部，岩性主要为玄武岩、安山质玄武岩、安山岩、凝灰岩等。地层厚度变化较大。最大厚度 480m，一般厚度 200~350m。

2. 白垩系

1）下白垩统

分布较广，沉积环境有两类：一类为河湖相；另一类为火山岩相，对应发育两种剖面类型，即火山碎屑岩型，岩性为火山碎屑岩。主要发育在下白垩统的上部，自下而上分为三段。下段：底部为黑灰色、灰色粉砂岩，含砾砂岩夹黑灰色泥岩，白云质灰岩，凝灰岩及玄武岩；中段：深灰色泥岩，钙质泥岩夹砂质灰岩，泥质灰岩，泥质白云岩及二层沉凝灰岩、薄层玄武质凝灰岩，视厚度 96m；上段：灰白色、灰绿色、深灰色泥晶灰岩，含泥灰质白云岩和钙质泥岩与棕红色泥岩相间互，厚度 52~250m。

2）上白垩统

为棕红色砂岩、砂砾岩夹粉砂质泥岩。厚度 250~310m。

（五）新生界

渤海海域钻井揭示的新生界地层自下而上可概括为（图 1–1）：古近系孔店组、沙河街组、东营组，新近系馆陶组、明化镇组及第四系淤泥、粉砂岩和砂砾岩沉积。

1. 古近系

渤海海域古近系断陷期地层由下至上发育孔店组、沙河街组和东营组，古近系不同层段地层特征分述如下。

1）孔店组

发育于盆地初期裂陷期，地层分布在彼此分割的箕状断陷中，孔店组一般超覆在中生界侏罗系和白垩系之上，呈角度不整合接触，顶部被沙河街组等不同层位超覆，也为角度不整合关系（夏庆龙等，2012）。

界	系	统	组	段	代号	地震反射层	时间/Ma	层序单元划分 二级 界面	层序组	三级 界面	层序	岩性描述	沉积相	构造事件
新生界	新近系	更新统	平原组		Qpp	T_0	2.0	SB_0		SB_0		浅灰、灰绿色黏土及粉砂，含蚌壳的一套海相沉积	浅海	新构造运动
		上新统	明化镇组	明上段	N_2m^2	T_{10}	5.1		$SQ_{N_1g-N_1m}$	SB_1	SQ_{m_1}	灰绿、棕红色泥岩与砂岩互层	曲流河及泛滥平原为主	
		中新统		明下段	N_2m^1	T_{15}	14.4			SB_2^1	SQ_{m_2}	暗红色、棕红色、紫红色泥岩为主夹砂岩；泥岩中浅灰棕色花斑发育；含铁、锰结核	曲流河及浅水三角洲	裂后热沉降
			馆陶组		N_1g	T_{20}	24.6	SB_2		SB_2	SQ_{N_1g}	厚层–块状含砾砂岩及砂东岩夹灰绿及棕红色泥岩，渤海南部为砂泥岩互层组合	辫状河道局部浅湖相	
	古近系	渐新统	东营组	东一段	E_3d^1	T_{24}	27.4		$SQ_{E_1d-E_2s^2}$		SQ_{d_1}	灰色、灰绿色泥岩与灰白色砂岩、含砾砂岩互层	上部为河流相；下部为三角洲体系	裂陷Ⅳ幕
				东二上段	E_3d^{2u}	T_{26}				SB_3^1				
				东二下段	E_3d^{2l}	T_{28}	30.3			SB_3^2	SQ_{d_2}	灰色、深灰色湖相泥岩、三角洲砂岩	上部为河流相；下部为三角洲体系	
				东三段	E_3d^3	T_{30}	32.8			SB_3	SQ_{d_3}	深灰色含钙泥岩、有时夹薄层灰岩及劣质油页岩		
		古新统—始新统	沙河街组	沙一段	E_2s^1	T_{40}	38			SB_4	SQ_{s_1}	深灰色泥岩、薄层油页岩、灰岩及生物白云岩等	浅水湖相碳酸盐台地	
				沙二段	E_2s^2	T_{50}	39.5	SB_5		SB_5	SQ_{s_2}	砂岩夹灰绿及灰色泥岩、生屑灰岩	扇三角洲前缘相	
				沙三上段	E_2s^{3u}	T_{54}			$SQ_{E_2s^3}$	SB_6^1	$SQ_{s_3^1}$	灰色、深灰色泥岩夹砂岩、油页岩、灰岩；沙三下在渤西、辽东湾北部为红色粗碎屑沉积；边缘带发育冲积扇粗碎屑岩	中、深湖相为主；局部为粗碎屑沉积	裂陷Ⅲ幕
				沙三中段	E_3s^{3m}	T_{58}				SB_6^2	$SQ_{s_3^2}$			
				沙三下段	E_2s^{3l}	T_{60}	42	SB_6		SB_6	$SQ_{s_3^3}$			
				沙四上段	E_2s^{4u}				$SQ_{E_2s^4}$	SB_7^1	$SQ_{s_4^1}$	上部为灰色、蓝灰色泥岩夹薄层灰岩、白云岩；中下部为紫红色泥岩、褐灰色泥岩灰石膏层	上部为深湖相；中下部为膏盐湖相	裂陷Ⅱ幕
				沙四中段	E_2s^{4m}					SB_7^2	$SQ_{s_4^2}$			
				沙四下段	E_2s^{4l}	T_{70}	50.5	SB_7		SB_7	$SQ_{s_4^3}$			
			孔店组	孔店上段	E_2k^1				$SQ_{E_{1-2}k}$	SB_2^1	SQ_{k_1}	上部棕红、紫红色含砾砂岩，中部深灰、灰黑色泥岩夹砂岩，时夹薄层灰岩；下部为紫红色泥岩夹砾粒岩	上部以河流相为主；中部为湖相；下部为冲积相	裂陷Ⅰ幕
				孔店中段	$E_{1-2}k^2$					SB_8^2	SQ_{k_2}			
				孔店下段	E_1k^3	T_{100}	65	SB_8		SB_8	SQ_{k_3}			
前新生界														

图 1-1 渤海海域新生界地层综合柱状图（据邓运华等，2008；朱伟林等，2010 修改）

上部为深灰色泥岩夹薄层灰岩、白云岩；下部以紫红色泥岩为主，夹灰绿色、灰色、棕红色泥岩及灰白色砂岩、砂砾岩，见少量紫红色粉砂岩、砂岩，局部见凝灰岩、凝灰质砂岩。岩石组合类型可以归纳为 3 种：①红层类型，主要分布在渤西地区，上部为紫红色泥岩，下部为凝灰质砂岩、凝灰岩的不等厚互层；②砂砾岩类型，主要分布在边界大断裂下降盘附近，岩性以砂砾岩为主，夹薄层泥岩，成分成熟度很低，为近源堆积的产物，铁质矿物含量高；③正常湖相沉积，主要分布在渤中、渤南、辽东湾地区，岩性下部为紫红色泥岩、局部含粗砾，上部为大段灰色泥岩。最大厚度 800m，平均厚度 450m。

2）沙河街组

在渤海海域分布较为广泛，自下而上依次为沙四段、沙三段、沙二段和沙一段。

（1）沙四段。

分布局限，仅在莱州湾凹陷、青东凹陷、庙西凹陷和辽东湾的部分地区分布。可分为上、下两个亚段，与下伏地层不整合接触。北部的辽东湾等地区主要钻遇了沙四上亚段，南部地区则上、下亚段都发育。

在青东、莱州湾凹陷钻井揭示较全，沙四下亚段岩性为暗绿灰—暗褐灰色泥岩夹浅黄褐色、白色硬石膏；沙四上亚段岩性为灰岩、白云岩与深灰褐色泥岩、薄层砂岩互层。最大厚度 1000m，平均厚度 800m。

（2）沙三段。

在渤海海域分布广泛，自下而上依次发育下、中、上三个亚段。中、下部水体扩大，分布范围广，下亚段和中亚段在海域各个凹陷均发育，沙三上亚段由于晚期的抬升，大部分地区缺失，主要发育在歧口凹陷和青东凹陷。

沙三下亚段：上部为灰白色砂岩与深灰色泥岩的不等厚互层，偶夹油页岩。下部为紫红、灰绿、浅灰色泥岩夹灰白色、浅灰色砂岩、杂色砂砾岩。

沙三中亚段：以厚层深灰色泥岩、油页岩为主，夹多层、厚薄不等的灰白色、浅灰色砂岩、粉砂岩，与下伏地层整合接触。

沙三上亚段：深灰色、灰色泥岩与灰白色砂岩、粉砂岩互层。下部砂岩普遍含钙，偶夹油页岩。渤海海域沙三上亚段地层分布极为局限，与下伏地层整合接触。沙三段最大厚度在 1100m 左右，平均厚度在 500m 左右。渤中凹陷沙三段最大厚度在 1900m 左右，平均厚度在 350m 左右。

（3）沙二段。

各凹陷继续接受沉积。岩性组合为灰白色、浅灰色砂岩、含砾砂岩、砂砾岩夹灰绿色、灰色、深灰色泥岩，底部常见紫红、灰紫色泥岩。局部发育灰岩、白云岩、生物灰（云）岩。与下伏地层不整合接触。

（4）沙一段。

为湖盆扩张期，分布范围很广。上部为深灰色泥岩夹油页岩，偶夹薄层灰岩、白云岩；中部常常发育中厚层灰白色砂岩或生物灰（云）岩，夹深灰色、灰色泥岩；下部以深灰色泥岩为主夹薄层灰岩、白云岩、油页岩和钙质页岩。局部水下隆起发育碳酸盐岩沉积，主要为生物碎屑岩、灰岩、白云岩，碳酸盐岩和碎屑岩呈互为消长的关系。与下伏地层整合接触。

（5）东营组。

在渤海海域分布广泛，全区岩性基本一致，自下而上依次发育东三段、东二段和东一段，东二段分为东二下亚段和东二上亚段。与下伏沙一段为连续沉积。

东三段：比沙一、二段地层分布范围有所减小，但地层厚度显著增厚（夏庆龙等，2012）。岩性为巨厚深灰色泥岩夹砂岩、粉砂岩和少量的页岩。地层厚度高值区位于渤中凹陷和辽中凹陷，渤中凹陷东三段最大厚度在1080m左右，平均厚度在500m左右；辽中凹陷最大厚度在1750m左右，平均厚度在700m左右。其他凹陷东三段的地层厚度均不足1000m。

东二段：地层分布广泛，沉降中心在渤中凹陷。岩性为厚层深灰色泥岩与灰白色、浅灰色砂岩、粉砂岩的不等厚互层。与下伏地层整合接触。渤中凹陷东二段最大厚度在1650m左右，平均厚度在900m左右。

东一段：渤海海域东一段地层分布范围显著缩小，主要分布于渤海海域中央地带，东一段上部为块状砂岩、含砾砂岩、砂砾岩夹薄层绿灰色泥岩。下部为灰白色砂岩，灰—绿灰色粉砂岩、泥质粉砂岩与绿灰色、紫红色泥岩、粉砂质泥岩的互层。泥岩质不纯，常见碳屑，植物屑等。与下伏地层整合接触。最大厚度在780m左右，平均厚度在300m左右。

2. 新近系

渤海海域新近系地层由下至上发育馆陶组和明化镇组，其底界以馆陶组底砂砾岩为界，为一区域性不整合面（张昌民等，2007）。在有的剖面中，馆陶组上部的块状含砾砂岩与明化镇组下部的砂、泥岩互层段之间没有发现明显的分界标志，两者为连续沉积。

1）馆陶组

岩性为紫红色和杂色泥岩，厚层块状灰白色砾岩、含砾砂岩、砂砾岩、砂岩夹绿灰色、粉砂质泥岩。下部粒度粗，上部粒度细，底部砾岩段与下伏地层不整合接触。可分为两种类型：辽东湾地区是一套厚层杂色砂砾岩夹薄层紫红色泥岩，厚度400m左右；其他地区为砂泥不等厚互层，具有上下岩性粗、中间细、可三分的特点。下粗段以杂色砂砾岩为主，含量高；上粗段砾石趋向单一、含量减少，中细段的厚度和砂泥比在空间上有很大的变化。平面上，以渤中凹陷最厚，最大厚度可达2000m以上，岩性向北东方向变粗，向东南方向变细（邓运华等，2008）。

2）明化镇组

明化镇组以灰白色粗砂岩、含砾砂岩、砂砾岩为主，夹绿色、棕红色泥岩。其他地区的明化镇组为砂泥不等厚互层，由西北向东南，岩性有变细、砂泥比逐渐降低的趋势。泛滥平原为主，局部有浅水湖及湿地。

3. 第四系

第四系与新近系的界线缺乏依据，生产现场以电阻曲线上所表现的“弓形电阻”之底作为第四系的底界，与下伏地层呈整合接触。第四系平原组为一套浅海相沉积，岩性主要为灰黄色、土黄色黏土、砂质黏土与灰色、浅灰绿色粉细砂层、泥质砂层互层，多含钙质团块，有的底部见泥砾和岩块，普遍含螺、蚌壳碎片及植物、树枝碎片。

二、黄海海域

（一）前震旦系

板岩、石英片岩等，厚度大于400m。

（二）震旦系

预测震旦系在南黄海盆地与下扬子陆上地层相似。

下统灯影组：泥晶白云岩、亮晶—粉晶白云岩、纹层状藻白云岩、葡萄状白云岩。

上统陡山沱组：灰黑色泥页岩、泥质粉砂岩、粉砂质泥岩、薄层泥质灰岩、白云质灰岩、白云岩。

（三）下古生界

1. 寒武系

为一套浅海碳酸盐岩夹碎屑岩，其中下寒武统发育一套黑色含硅质页岩，上寒武统为白云岩（图 1–2）。

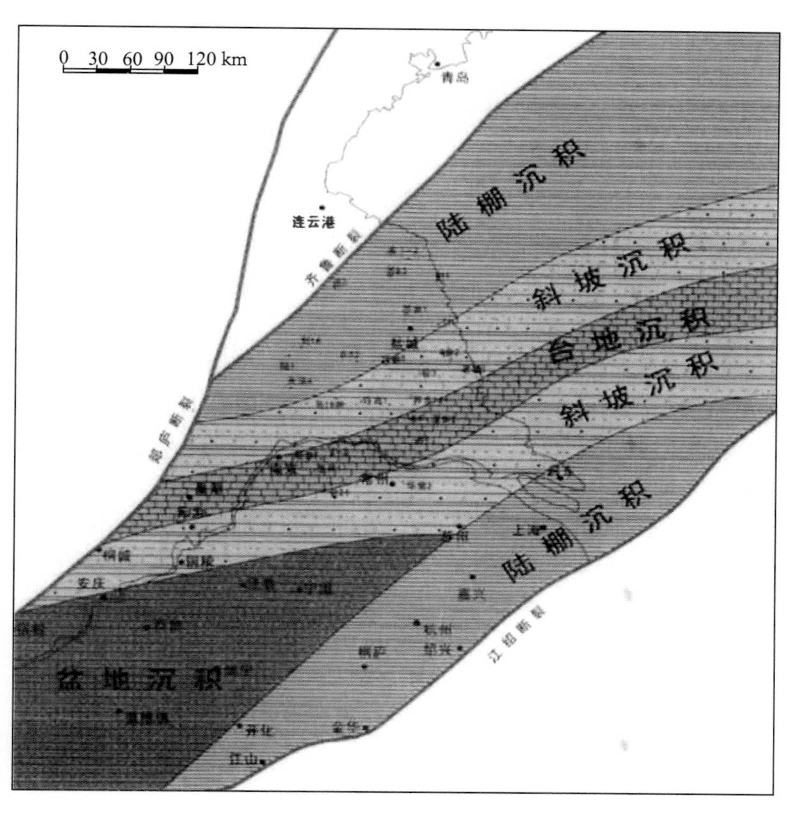

图 1–2 下寒武统幕府山岩相图（据康志宏）

2. 奥陶系

以碳酸盐岩为主，夹有泥岩、泥灰岩。

3. 志留系

下志留统高家边组：陆棚—盆地相的碳质页岩。厚度 30~80m（图 1–3）。

中志留统：为一套黄绿色、浅灰色、青灰色粉砂岩、粉砂质泥岩、细砂岩组成的韵律层，浅海—滨岸沉积。厚度达 200~300m。

上志留统：主要为灰色砂岩、夹砾砂岩。厚度达 2000m。

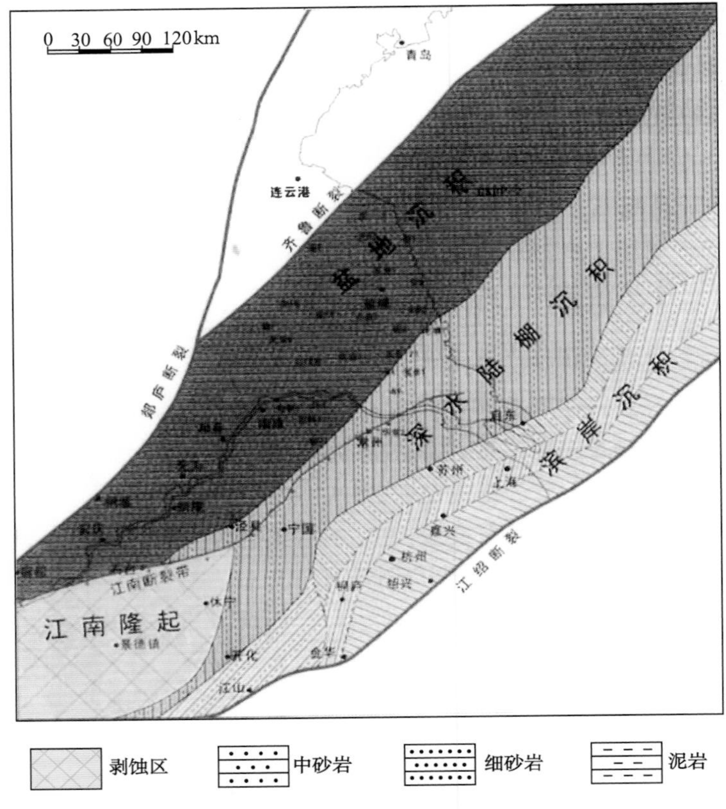

图 1-3　下志留统高家边组岩相（据康志宏）

（四）上古生界

1. 泥盆系

该地区普遍缺失中、下泥盆统，仅保留上泥盆统，为海陆交互相和三角洲相石英砂岩及砂砾岩沉积，与下伏志留系茅山组为平行不整合接触。

2. 石炭系

以碳酸盐岩沉积为主，主要为灰岩、泥质灰岩夹薄层泥岩，厚度为350~500m，与泥盆系呈平行不整合接触。

3. 二叠系

下二叠统：发育栖霞组和孤峰组，栖霞组岩性主要为灰岩、泥质灰岩夹薄层泥岩，孤峰组主要为硅质泥岩。

上二叠统：发育龙潭组（图 1-4）和大隆组，主要为砂泥岩地层，龙潭组发育多套煤层，主要发育于龙潭组下段。

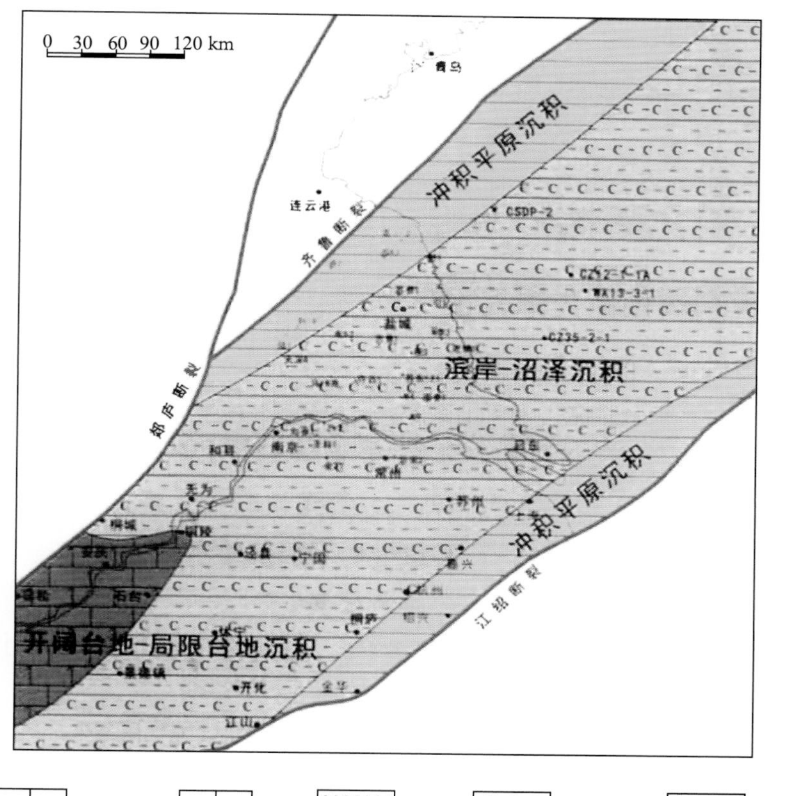

图 1-4 上二叠统龙潭组岩相图（据康志宏）

上二叠统和下二叠统是重要烃源岩层。二叠系厚度为 280~660m。

（五）中生界

1. 三叠系

下三叠统的青龙组，岩性以灰岩为主，顶部出现红褐色泥岩夹层。厚度小于 1400m，缺失中上三叠统。

2. 侏罗系

下部岩性主要为一套深灰、灰色泥岩夹浅灰色泥质粉砂岩、细砂岩。中上部为一套褐色泥岩夹褐灰色泥质粉砂岩、浅灰色砂岩。最大厚度大于 2195m。

3. 白垩系

下白垩统：葛村组为一套褐色砂岩及灰色泥岩夹灰色泥质粉砂岩、浅灰色砂岩。厚度 300~500m。

中白垩统：浦口组、赤山组为棕色及棕黄色粉砂岩砂岩及粉砂质泥岩不等互层。厚度 450~700m。

上白垩统：泰州组为湖泊—河流—湖泊相沉积旋回，以棕色色砂岩、含砾砂岩夹泥岩为主。厚度一般为 300~600m，最大沉积厚度达 4000m。

（六）新生界

1. 古近系

以湖相为主，深灰色泥岩夹砂岩。厚度 2000~2600m。

2. 新近系

河湖相浅灰、灰褐色泥岩砂岩不等互层。厚度 300~500m。

3. 第四系

沉积了一套由海陆交互相。岩性主要由灰色、灰白色粉砂质黏土、黏土质粉砂和细砂组成。厚度约 150~350m。

三、东海海域

东海海域盆地目前仅揭示了新生界。

1. 古新统

石门组：灰色砂岩夹泥岩。厚度约 250m。

灵峰组：灰色砂岩泥岩互层。厚度约 250m。

明月组：灰色砂岩与泥岩互层夹煤。厚度约 200m。

2. 始新统

宝石组：灰色泥岩夹砂岩，灰色砂岩夹泥岩。厚度约 500m。

平湖组：深灰色泥岩与粉砂岩互层。厚度约 1000m。

花港组：下段深灰色砂岩夹砂砾岩、灰岩及煤厚度约 0~400m。

3. 渐新统

龙井组：下段深灰色砂岩夹泥岩。厚度约 0~1100m。上段浅灰、灰绿色泥岩与粉细砂岩互层夹砂砾岩。厚度约 0~300m。

玉泉组：下段灰色砂岩夹泥岩。厚度约 320~1100m。

柳浪组：黄棕色泥岩与粉砂岩互层。厚度约 0~800m。

4. 新近系

三潭组：灰色砂岩及泥岩夹砾岩。厚度约 270~700m。

瓯江凹陷地钻井揭示表见表 1–1，丽水凹陷地层综合柱状图见图 1–5。

表 1–1 瓯江凹陷地钻井揭示表

地层					分层厚度 / m	岩性描述	沉积相
界	系	统	组	段			
新生界	第四系	东海群			375~455	浅灰、灰色黏土粉砂质黏土层与浅灰色粉砂、细砂互层，底部为细砂层、含砾细砂层	浅海相
	上第三系	上新统	三潭组		224~692.5	上部：灰色泥岩与粉、细砂岩互层 下部：灰白色砂砾岩、生物碎屑砂岩夹泥岩	海陆过渡带
		中新统	柳浪组		0~＞800	黄灰、褐棕色泥岩与粉、细砂岩互层	河流相为主
			玉泉组		352~1412	上段：杂色泥岩、粉砂质泥岩与灰黄、浅灰、灰白色泥质粉砂岩、粉砂岩、砂岩互层夹煤，含少量石膏 下段：浅灰、灰白色粉砂岩、细砂岩及深灰、绿灰色泥岩夹深灰色页岩、碳质页岩，东部凹陷带内煤层发育	河流相—湖泊相，夹海侵层
			龙井组		0~1186.5	上段：浅灰、绿灰色泥岩与浅灰、灰白色粉细砂岩、中细砂岩、粉砂岩、泥质粉砂岩互层，夹棕红色泥岩含砾砂岩砂砾岩 下段：深灰、绿灰色泥岩与浅灰、灰白色粉、细砂岩、泥质粉砂岩互层，夹碳质泥页岩及煤，底部为细砂岩	河流相—湖泊相，夹海侵层
	下第三系	渐新统	花港组	上段	0~＞700	深灰、绿灰、棕红色泥岩与浅灰、灰白色粉砂岩、细砂岩不等厚互层，夹煤层	三角洲相—湖泊相
				下段	0~＞400	深灰色泥岩与灰白色细砂岩、粉砂岩互层，夹含灰质粉细砂岩、煤层、泥晶灰岩，底部为块状中砂岩、含砾砂岩	三角洲相—湖泊相
		始新统	平湖组		＞1020	深灰色泥岩、含灰—灰质泥岩与浅灰色含灰质粉砂岩、粉细砂岩、细砂岩频繁互层，夹薄层泥晶灰岩、沥青质煤	半封闭海湾
			宝石组		＞500	厚层灰、深灰色泥岩夹粉细砂岩	
		*古新统	明月峰组			灰白色砂砾岩、含砾砂岩、粗砂岩、粉砂岩与灰色泥岩互层，夹煤层	浅海湾
			灵峰组			上部：浅灰色粉砂、细中砂岩夹灰黑色泥岩 下部：深灰色泥岩夹灰白色粉砂岩、生物灰岩	
			石门潭组			灰白色细、中、粗砂岩夹灰黑色泥岩	

注：* 东海陆架盆地瓯江凹陷钻进揭示。

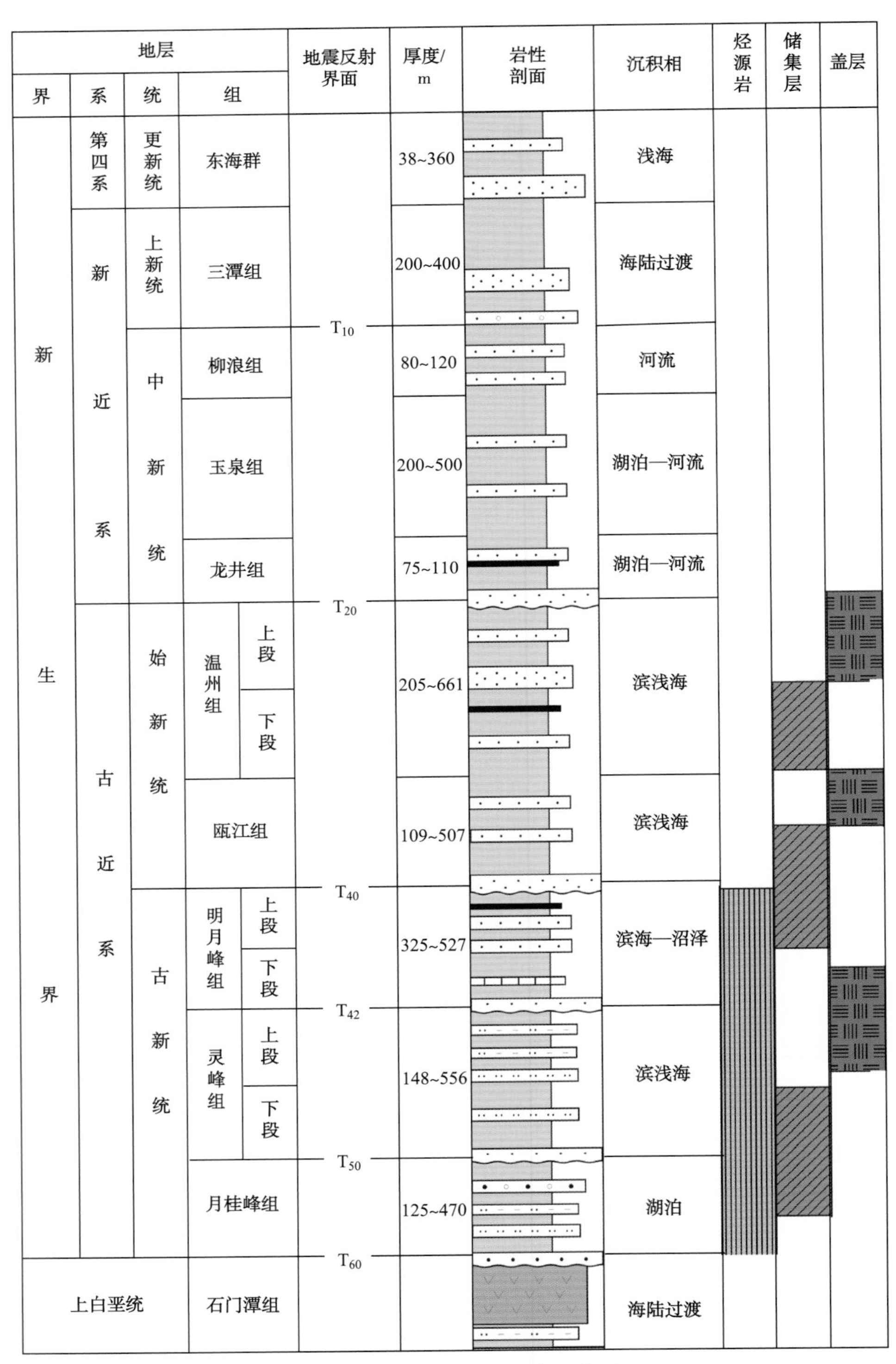

图 1-5　丽水凹陷地层综合柱状图

四、南海海域

（一）南海北部—西北部盆地

1. 基底

杂色变质岩。厚度 >100m。

2. 中生界

1）侏罗系

早侏罗世海侵范围较大，珠一坳陷东部为浅海相沉积，为黑色页岩沉积。

2）白垩系

下白垩统：砂岩和页岩夹薄煤层以及含鲕粒灰岩和白云岩，属浅海或滨海相沉积，最大厚度为 1539m。

上白垩统：黑色泥岩或黑色页岩地层薄煤层，最大厚度近 2km，属非海相或过渡相沉积。

3. 新生界

1）古新统

棕红色、紫红色砂砾岩、含火山质砂岩及泥岩。厚度 200m。

2）始新统

流沙港组：自下而上分三段。流三段为灰色、浅黄褐色砾岩砂岩及泥岩。流二段为深灰色泥岩夹薄层砂岩。流一段为深灰色泥岩与砂岩互层。总厚度 200m。

3）渐新统

涠洲组：自下而上分三段。涠三段为灰色砂岩夹棕黄色泥岩。涠二段为棕红色、灰色泥岩与粉细砂岩互层。涠一段为灰色砂岩与棕色泥岩互层。总厚度 300m。

4）中新世

下中新统：灰色砂砾岩砂岩夹灰色泥岩。

上中新统：下部为灰色砂岩与泥岩不等互层；上部为灰色泥岩。总厚度 2400~3500m。

南海北部—西北部盆地新生代地层系统图见图 1-6、图 1-7。

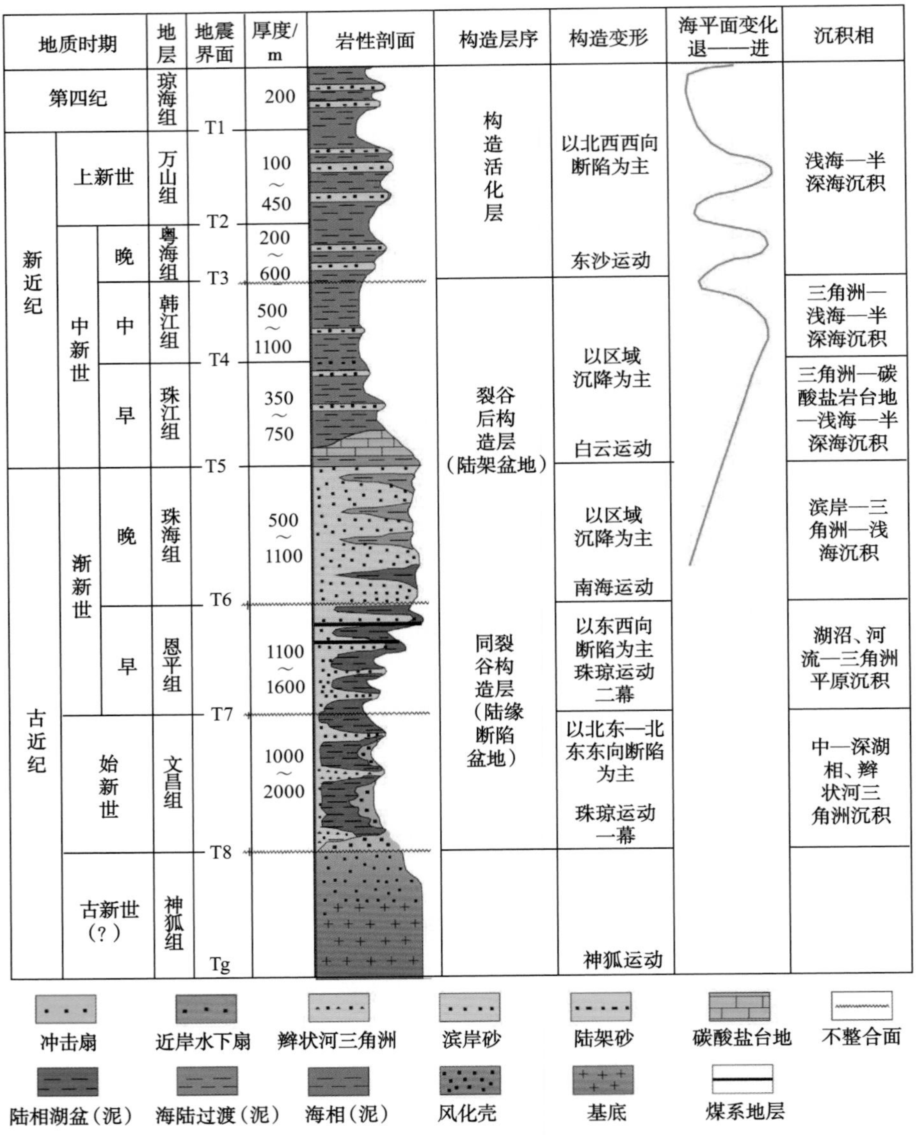

地质时期			地层	地震界面	厚度/m	岩性剖面	构造层序	构造变形	海平面变化 退——进	沉积相
第四纪			琼海组	T1	200		构造活化层	以北西西向断陷为主 东沙运动		浅海—半深海沉积
新近纪	上新世		万山组	T2	100~450					
	中新世	晚	粤海组	T3	200~600					
		中	韩江组	T4	500~1100		裂谷后构造层（陆架盆地）	以区域沉降为主 白云运动		三角洲—浅海—半深海沉积
		早	珠江组	T5	350~750					三角洲—碳酸盐岩台地—浅海—半深海沉积
古近纪	渐新世	晚	珠海组	T6	500~1100			以区域沉降为主 南海运动		滨岸—三角洲—浅海沉积
		早	恩平组	T7	1100~1600		同裂谷构造层（陆缘断陷盆地）	以东西向断陷为主 珠琼运动二幕		湖沼、河流—三角洲平原沉积
	始新世		文昌组	T8	1000~2000			以北东—北东东向断陷为主 珠琼运动一幕		中—深湖相、辫状河三角洲沉积
	古新世（?）		神狐组	Tg				神狐运动		

冲击扇　近岸水下扇　辫状河三角洲　滨岸砂　陆架砂　碳酸盐台地　不整合面
陆相湖盆（泥）　海陆过渡（泥）　海相（泥）　风化壳　基底　煤系地层

图 1-6　南海北部大陆边缘珠江口盆地新生代地层系统图

（二）南海西部—西南部盆地

1. 始新统

灰色、灰黑色砂岩及泥岩夹灰岩，各盆地岩石组差别较大。厚度 380~420m

地层系统				岩性剖面	地震界面	岩性简述	沉积相	湖（海）平面升降 升　降	古气候	生储盖组合		构造演化
系	统	组	段							储盖层	生油层	
新近系	上新统	望楼港组				上部为大套灰色、灰黄色砂砾岩，中部以砂泥岩互层为主，下部以浅灰、灰绿色泥岩为主夹灰黄色中砂岩、泥质砂岩	滨浅海		热带、亚热带温暖潮湿			裂后热沉降阶段
	上中新统	灯楼角组			T40	上部以灰黄色粗砂岩、含砾粗砂岩、砂砾岩为主，中部以灰色泥岩、砂质泥岩为主，下部为大套灰黄色带绿色砂砾岩、泥岩微含钙	滨浅海					
	中中新统	角尾组			T50	上部为厚层灰色、绿灰色泥岩，下部为灰白色、绿灰色中细砂岩与灰色泥岩不等厚互层	滨浅海					
	下中新统	下洋组			T60	上部细砂岩与泥岩不等厚互层，下部灰白色、浅灰色含砾砂岩、粗砂岩夹灰色泥岩	滨浅海		暖温带温暖潮湿			
古近系	渐新统	涠洲组	涠一段		T70	灰白、浅灰、灰色粗、中砂岩、细砂岩与杂色、红褐色、棕黄色泥岩不等厚互层	河流					第三期张裂阶段
			涠二段		T72	灰色、杂色、棕褐色、紫红色泥岩与灰色、浅灰色细砂岩、粉砂岩不等厚互层	滨浅湖—三角洲					
			涠三段		T80	灰白、浅灰、灰色粗、中砂岩夹杂色、红褐色、棕黄色泥岩	辫状河—曲流河		热带、亚热带温暖湿润			
	始新统	流沙港组	流一段		T83	深灰色泥岩与灰白色细砂岩不等厚互层，顶部岩性较细，以棕褐色泥岩、粉砂质泥岩为主	滨浅湖—河流					第二期张裂阶段
			流二段		T86	厚层深灰色、褐灰色泥岩、页岩夹浅灰色中、薄层砂岩上部岩性较细，以深灰色、灰色泥岩为主，顶部见灰褐色油页岩	浅湖—中深湖					
			流三段		T90	灰色、浅黄褐色、灰黄色砾岩、含砾砂岩、粗砂岩夹绿灰色、褐色、杂色泥岩，下部灰白色砂质砾岩	河流—洪冲积		亚热带半干旱			
	古新统	长流组			T100	棕红色、紫红色砂砾岩、含砾砂岩、粗砂岩夹杂色、棕红色、灰色泥岩	洪冲积					第一期张裂阶段
基底						杂色变质岩、花岗岩,含火山碎屑的棕红色砂岩						

图 1–7　南海北部—西北部北部湾盆地新生代地层系统图

2. 渐新统

下部为灰色粉细砂岩夹黑灰色泥岩及灰色灰岩。厚度 150~180m。上部为灰色粉细砂岩夹灰色灰岩及黑灰色泥岩。厚度 250~300m。

3. 中新统

下部为灰色粉细砂岩、灰色灰岩及黑灰色泥岩不等互层。厚度 350~500m。

中部为灰色灰岩及黑灰色泥岩夹灰色粉细砂岩。厚度 250~300m。上部为灰色灰岩及黑灰色泥岩夹灰色粉砂岩。厚度 240~280m。

4. 上新统

黑灰色泥岩、灰色灰岩及灰色粉砂岩。厚度 180~200m。

南海西部—西南部盆地新生代地层系统图见图 1–8、图 1–9。

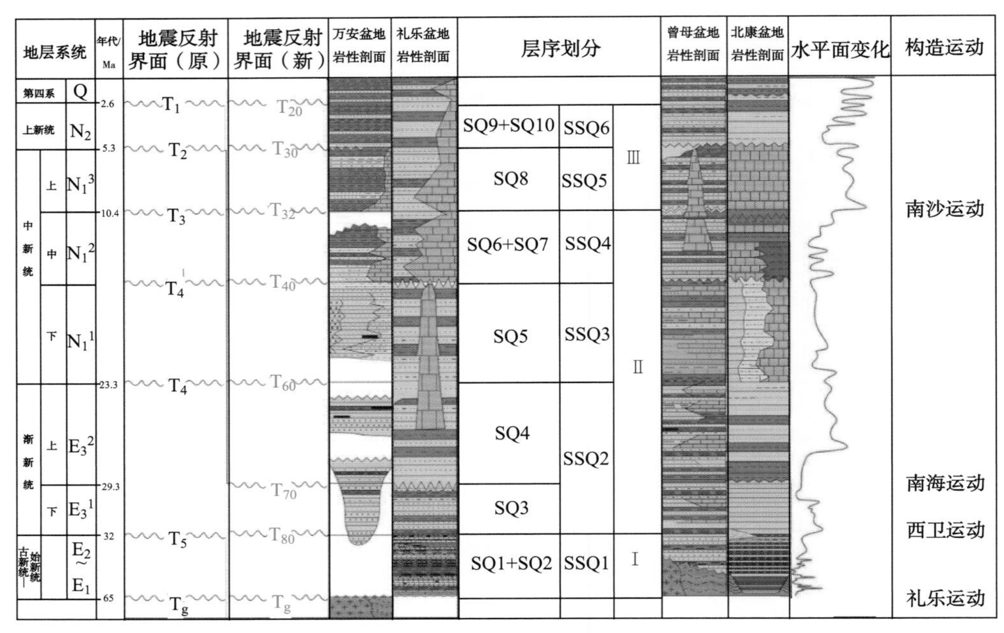

图 1–8　南海西 – 南部主要盆地新生代地层系统图（据张厚和，2017）

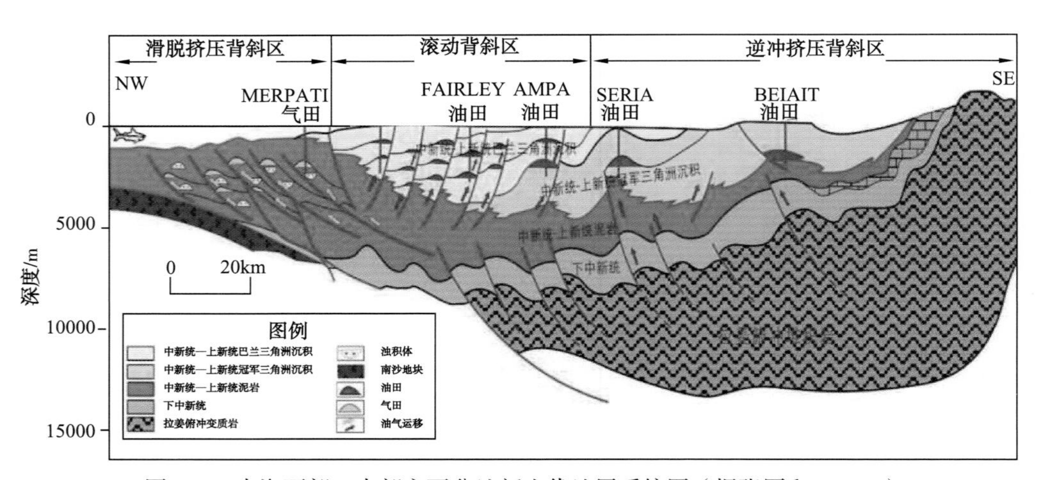

图 1–9　南海西部—南部主要盆地新生代地层系统图（据张厚和，2017）

第二章 构造体系类型

一、渤海盆地

渤海盆地位于中国东部新华夏系第二沉降带中段，渤海是中国唯一的内海，面积 $7.3\times10^4km^2$ 左右。渤海海域的岩石圈厚度约 50~60km，渤海湾盆地区内包括渤海湾及华北南部沉降区，周缘包括西边的太行山隆起褶皱带、北边的阴山隆起带、东边的胶辽隆起，南边则为南华北沉降区。盆地的四周皆因边界断裂的切割而沉降。

渤海盆地及其周缘地区的构造体系主要有以下几种类型。

（一）纬向构造体系

纬向构造体系是该区最主要的构造类型，北边的阴山隆起带被阴山东西构造带所控制，南边的南华北坳陷被秦岭纬向系所控制，由于淮阳山字形构造的影响，使秦岭纬向系分裂成两支，南支形成淮阳弧，很可能是一个古山字形。由于纬向系的影响，使盆地南北边缘呈现东西走向的构造格局。此外，在北纬 34°~36° 区间发育区域纬向构造带。

1. 阴山东西构造带

该构造带是天山—阴山纬向构造体系的东延部分，展布于盆地北部的隆起褶皱山系中，主体由内蒙古“地轴”和燕山拗褶带组成，它们展布范围广阔，影响地壳较深。

内蒙古“地轴”分布于尚义—承德断裂带以北，主要由太古界单塔子群及朱仗子群组成，其上被大面积中生代陆相火山岩—沉积岩地层覆盖。近东西向压性、压扭性断裂和复式背、向斜发育，并伴有大规模的中酸性—超基性岩侵入。

燕山坳褶带位于“地轴”之南，北以尚义—承德断裂为界，南界在平型关、涞源、宝坻、宁河、柏各庄、乐亭一线，轴向近东西。坳褶带成生历史悠久，早在元古宙可能已具雏形，中元古代急剧下沉，沉积了巨厚的中—上元古界，至此燕山坳褶带基本成型。古生代时期活动减弱，沉积了厚度不大的海相及海陆交互相地层，晚二叠世至印支期隆起，转化为正向构造，至燕山早期强烈活动，褶断隆起，出现一系列断裂和褶皱，并伴随有大量岩浆侵入及火山喷发活动，使褶断带内构造更加复杂化。

2. 秦岭东西构造带

横亘我国中部的昆仑—秦岭纬向构造体系，一般由西向东分为三段：西段沿昆仑山脉展布，中段与秦岭山脉之主脉一致，构造上又可以分南北两个亚带。秦岭向东之余脉为东段，东段通常分为南北两支：北支经嵩山之后逐渐沉没于华北平原之下，至郑州之南经通许隆起一直向东，平原之下的纬向构造非常突出，再到山东枣庄又出露地表，越过郯庐断裂经东海、连云港入黄海；南支由伏牛山—大别山构造带组成。

伏牛—大别弧形构造带，总体呈北西西向展布，斜置于南华北坳陷之南，亦是该坳陷的南部隆起带。该带向东被郯庐断裂截切，过郯庐断裂后，由于构造沉降而找不到弧形构造带向东延伸的迹象。

伏牛—大别弧形构造带主要包括下列断裂构造带：①卢氏—确山—固始断裂构造带；②朱阳关—夏馆断裂构造带；③商南—鱼关口断裂构造带。它们之中夹持的相关褶皱构造带有：①卢氏—栾川复向斜；②陆家幔—两河口复背斜；③赤马岩寨—雁岭沟复背斜；④白云岩复背斜；⑤桐柏山复背斜。

根据河南省地质矿产局地质科学研究所高国治（1985）的意见，把北支向东经嵩山逐渐沉没于南华北平原之下的秦岭东段余脉划归秦岭东西构造带，因受古淮阳弧的影响，显示出微向南凸出的弧形。而其南支由伏牛山、大别山组成的伏牛—大别弧形构造带，即为“古淮阳弧形构造”的主体。该弧成生于前古生代，经历古生代的演变成型，印支末幕定型，早期燕山运动强烈活动的则是新淮阳山字形。

（二）华夏构造体系

本章华夏系的概念比李四光教授所描述的内容有进步，据研究，中国东部（乃至东亚地区）“三隆三坳”的主体是华夏系。它成生于元古代—印支期（负向构造），二叠纪定型。

1. 太行山隆褶带

该褶皱带外貌看起来呈北北东向至近南北向，主要是因为被吕梁山及东南太行山南北向构造带的影响所致。该隆褶带主体由前古生界—古生界组成，少量的三叠系及侏罗系也卷入其中。该褶皱带是印支期形成的古隆起，经历印支末幕运动，至侏罗纪末幕运动褶断定型，总体呈 S 形，在这个过程中，它虽然受祁、吕、贺山字形的影响，但由于它们的成生时期、构造性质和形态的相似性，以至于它们重接（重叠）复合在一起时无法区分，而且由于两者共同作用，使隆起得到加强。

太行山隆褶带位于华北平原西侧，属华夏系第三隆起褶皱带的一级构造。它与西边的鄂尔多斯盆地是有成生联系的，而与东面的华北平原之间被呈北北东向的紫荆关断裂截切。该断裂是新华夏系的一级断裂，成生于燕山 IV 幕（K_1 末期），其本质为左行压扭性断裂，但控制渤海盆地沉降时却转化为正断层（K–R）。太行山隆起褶皱带与渤海盆地是没有成生联系的，它们之间只是隆起与断陷的调整关系。

2. 胶辽隆褶带

该褶皱带展布于山东半岛、北黄海、西朝鲜湾，包括辽东半岛，直至朝鲜北部的妙香山，总体呈 NE40° ~50° 的复式隆起褶皱带，主体也是由前古生界—古生界组成的早燕山褶皱带，并被限制在阴山带（纬向系）之南，呈 S 形，由于新华夏系的改造已面目全非。

3. 华北拗褶带

华北平原（K–R）之下，即盆地之基底可称华北拗褶带，为一界于太行山隆起褶皱带与胶辽隆起褶皱带之间的一个巨型拗褶带，属华夏系第二拗褶带的一个一级构造区，主体由前古生界—古生界组成，褶断定型于侏罗纪末幕运动，总体走向呈 NE40° ~50° 。由于新华夏系的改造，基底构造面貌已表现为新华夏系的隆坳格局。

（三）新华夏构造体系

本文所讨论的新华夏系（郯庐系）与李四光教授所描述的内容不同。据研究，中国东部古生代“三隆三坳”的主体是华夏系，新华夏系（T–Q）是在上述构造背景上发育的三条断陷带。

新华夏系基本构造形式由 NE18°~25° 的压扭性断裂（左行）为主干结构面，NW70° 为张扭性配套断面，同时还有两组扭裂面发育，上述四组破裂面组合成新华夏系的断裂体系。

中国东部中生代—新生代断陷盆地的发育严格受新华夏系断裂体系控制。其控盆的特点是，当发动新华夏系的构造应力场松弛之后，重力乘虚而入，使新华夏系的结构面力学性质发生转化，并在重力控制下使其成为控制沉积（T–Q）的同生正断层（注意：经历多旋回、多阶段）。中国东部从东北平原—渤海、华北平原—华中平原直至北部湾这一规模宏伟的沉降带以及陆地上星罗棋布的断陷盆地群就是新华夏系仅次于边缘海的第二条巨型断陷带。它成生于三叠纪，定型于喜马拉雅期，是现今仍有活动的活动性构造体系。

渤海盆地的沉降明显受新华夏系的断裂体系控制，最主要控盆断裂为 NE18°~25° 压扭性断裂，其次为 NW70° 的张扭性裂面，两组扭裂面在低级次的构造中表现明显。

太行山东侧的紫荆关断裂及盆地东边的郯庐断裂是新华夏系控盆的一级断裂，控制盆地的整体沉降。盆地中部的沧东断裂是新华夏系二级控盆断裂，由于沧县隆起的形成把盆地分为三个单元：西部断陷区、沧县隆起和东部断陷区。由于郯庐断裂是主要控盆断裂，所以东部断陷区是最主要的断拗区（图 2–1）。

二、黄海盆地

经研究认为黄海盆地，发育了纬向构造体系、华夏构造体系、新华夏构造体系、北西向构造体系、山字形—弧形构造体系、经向构造体系等六种构造体系（图 2–2），其中以纬向构造体系、新华夏构造体系为主导，构成构造体系格架，造就了下扬子构造格局。下面分别论述各构造体系特征。

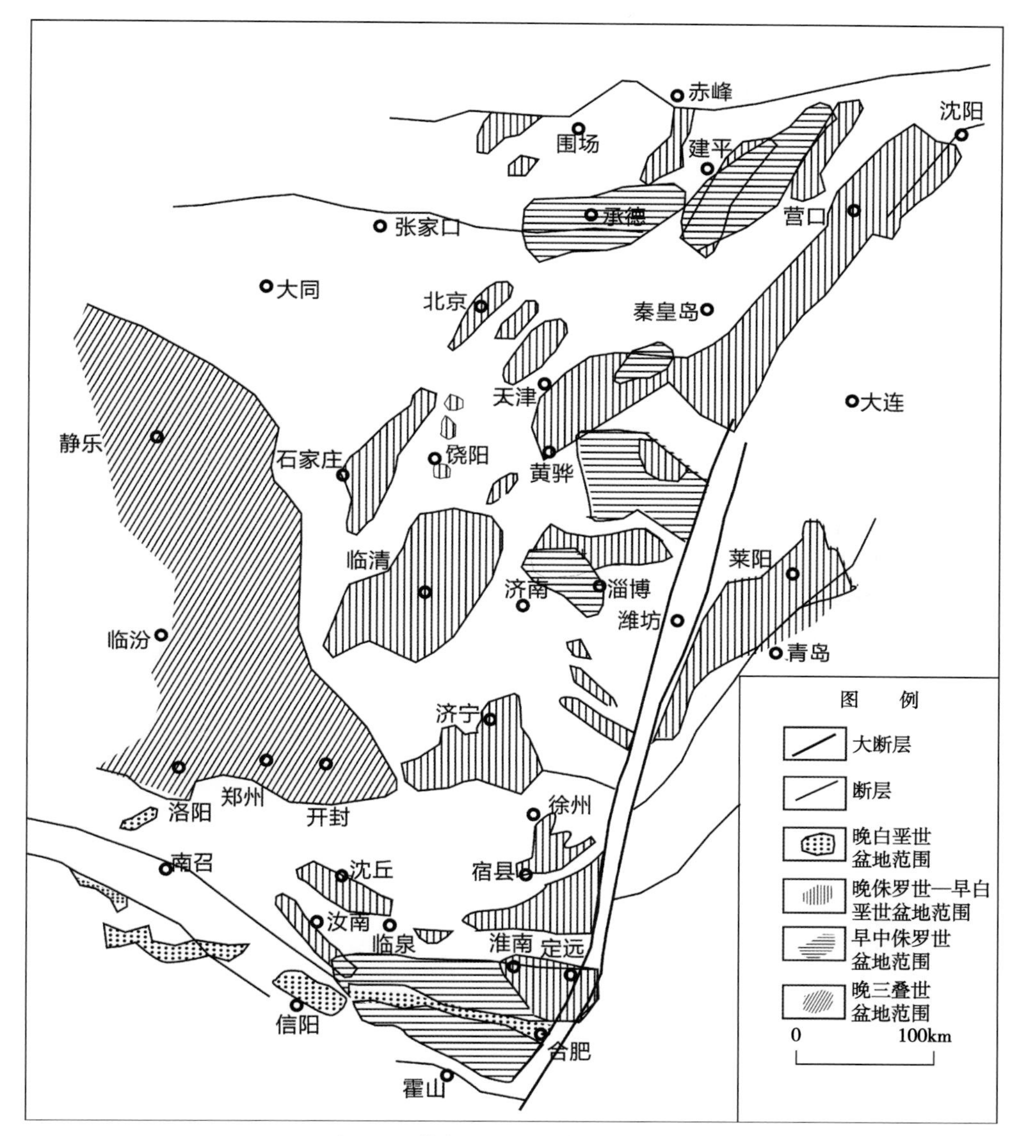

图 2-1 渤海盆地中生代盆地格局图

（一）纬向构造体系

纬向构造体系，在下扬子区仅有秦岭构造带东段分布。该构造体系在本区多为隐伏构造，构造行迹连续性较差，但仍显示了严格的等距性。构造体系间隔为 20~25km。不同时代的构造行迹，无论是褶皱还是断裂，部分虽有扭曲，但大多保持了较为平直的东西方向延展。纬向构造体系产生于太古代，强烈改造于印支期，一直延续到现今。

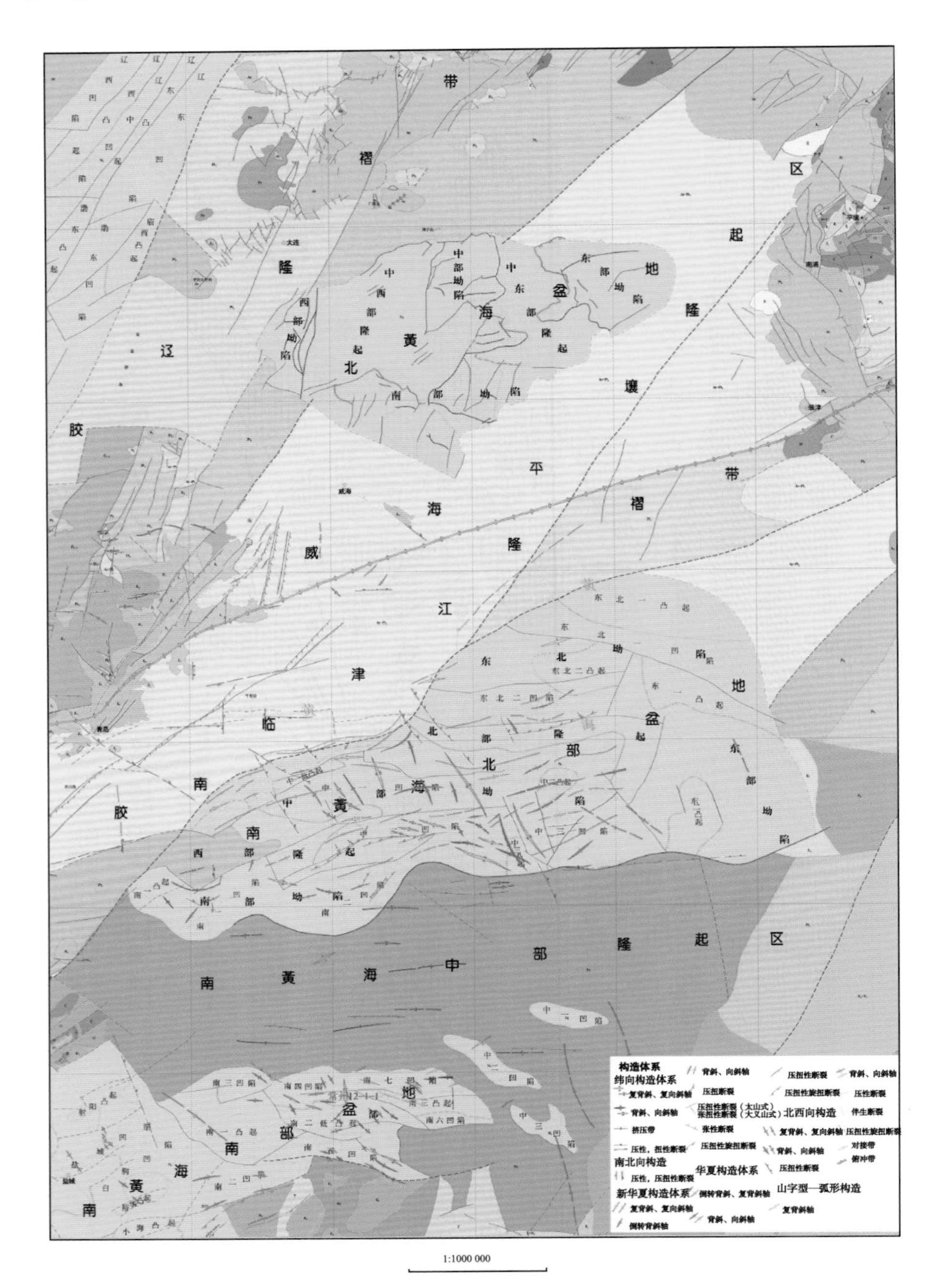

图 2–2　黄海盆地构造体系图

主要构造带包括：崂山隆起、青岛坳陷、洪泽—建湖构造带等（图 2–3）。

1. 崂山隆起

位于南黄海盆地中部，亦称“中部隆起”，走向为东西向。崂山隆起为一断隆带，隆起北部断裂，以基底卷入型断裂为主，明显控制上侏罗统—白垩系地层厚度，断距为 1000~2000m。部分断裂以志留系高家边组泥质岩为滑脱面，滑脱面之下的褶皱平缓，滑脱面之上褶皱剧烈并形成背斜窄陡、向斜宽缓的隔挡式构造，背斜呈尖顶状或膝状。

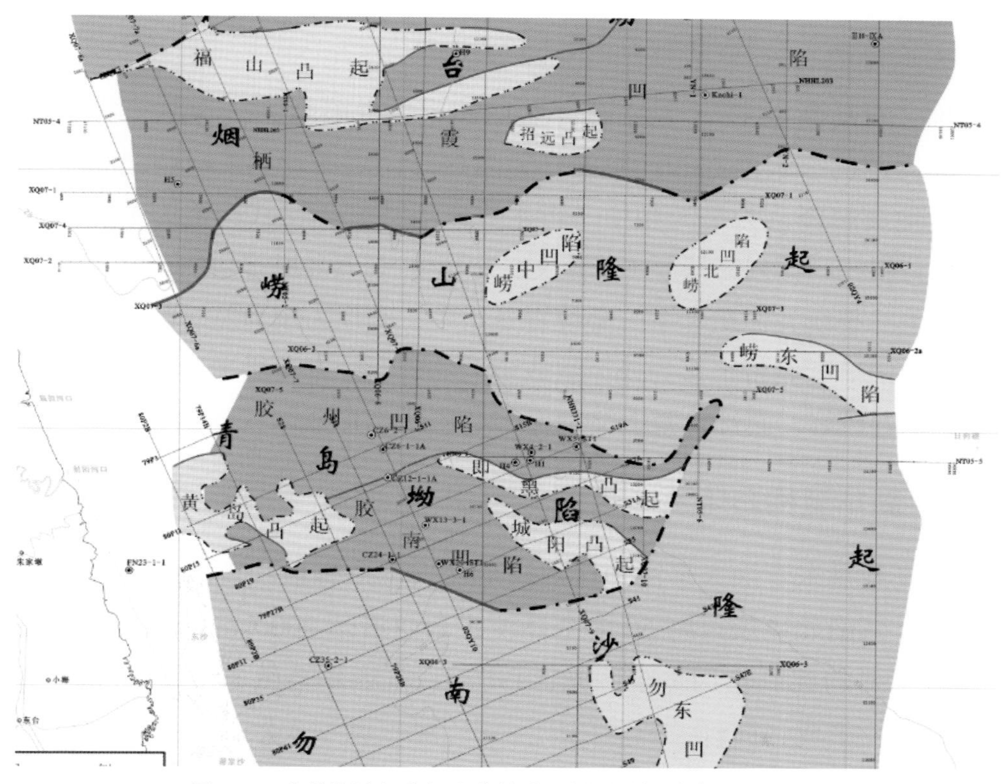

图 2-3 南黄海陆相中新生代构造区划图（据陈建文，2016）

崂山隆起早古生代为一套克拉通型沉积，加里东中、晚期隆起，下古生界遭受大量剥蚀。根据地震剖面解释成果，隆起寒武系—志留系的残留厚度为 200~3000m，估算最小剥蚀量为 900m。在地震剖面上地震波反射界面表现为削截关系，中生界超覆不整合于下古生界之上，与下古生界之间有约 10° ~15° 的交角，削截面之下志留系由南向北尖灭，部分区域可能缺失志留系甚至部分奥陶系（李慧君，2014）。

印支期是隆起的主要形成和定型期，根据地震剖面解释成果，隆起上海相构造层由泥盆系—下二叠统组成，缺失上二叠统龙潭组和下三叠统青龙组。隆起与两侧坳陷之间是断层接触关系，断层下盘有厚度近 2000m 的龙潭组—青龙组，上盘缺失龙潭组—青龙组，由此推测下古崂山隆起上的龙潭组—青龙组是由剥蚀造成的，是印支运动的结果。下古隆起的上构造层残留厚度为700~2400m，并且是西厚东薄，估算的最小剥蚀量在泥盆系—二叠系有1000~1700m。隆起地层展布稳定，断裂不发育构造相对简单，并发育有大型的背斜和向斜构造。

2. 青岛坳陷

也称“青岛断拗带”，是南黄海盆地的重要坳陷之一，为苏北盆地的东延部分。其内部的三级凸起和凹陷同样呈东西纬向展布，如灵山凸起和浮山凸起等。通过地震解释认为是海相中—古生界以隔挡—隔槽式构造为主，以宽缓向斜、狭窄背斜相间排列为特征（陈建文，2016）。在青岛断拗带内，隔挡式构造主要发育于上二叠统龙潭组和下三叠统青龙组中，表现为较为宽缓的向斜带被狭长的背斜带分隔。背斜带上多为龙潭组或更老的地层，青龙组遭受强烈剥蚀；向斜带青龙组保存较好，而且向斜中又发育多个褶皱，形成复式向斜。

（二）新华夏构造体系

新华夏系是东亚濒太平洋地区规模最宏大、形态最壮观的一个巨型多字形构造体系。其南北延展可跨50多个纬度，东西可达2000km，对我国东部构造轮廓起着主要的控制作用（李四光，1962）。新华夏系由三个巨大坳陷带与三条巨型隆起带组成，简称“三隆三坳”。“三隆三坳”大致相互平行，呈北北东向断续相连。

下扬子地区北北东向主要断裂带有郯庐断裂带、老子山—拓阜断裂带、南京—芜湖断裂带、东坝镇—周庄断裂带、黄桥—龙岗断裂带等（康玉柱，1999）。

根据重力数据的解释（李淑娟，2017），黄海盆地内部的优势断裂走向也为北北东向（图2-4）。在黄海盆地中识别出多条断裂，其中，北北东向断裂延伸长度大，多为划分盆地内部次级构造单元的主干断裂；主干断裂之间则发育大量北东东、北西西和近东西向的小型正断层，且常呈雁列状出现，控制了盆地的次级凹陷。前人认为北北东向主干断裂多形成于中生代及之前，而白垩纪—古近纪期间在盆地形成过程中发育而成的断裂则具有多方向、多级别、多序次的特点，北西向压性断裂多形成于盆地形成后，规模不大，断距较小（李乃胜，1995）。

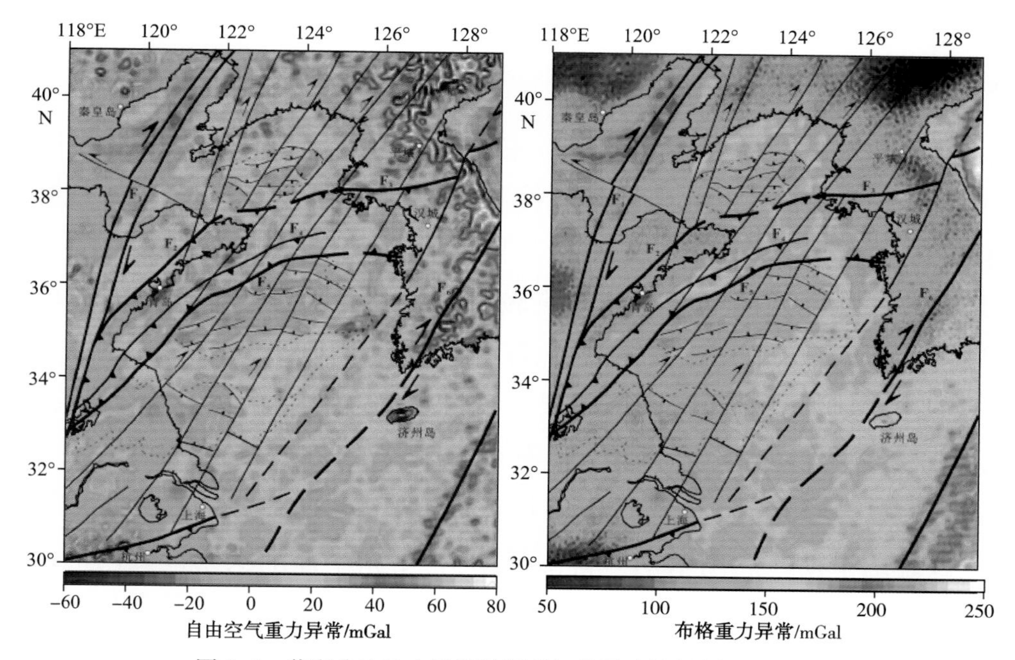

图 2–4 黄海盆地重力异常及断裂解释图（据李淑娟，2017）

从地震剖面可以看出，南黄海盆地南部青岛坳陷和勿南沙隆起发育大量北北西向断裂带，共计 35 条（图 2–5），其中延伸最长的是青岛隆起与勿南沙隆起的边界断裂。

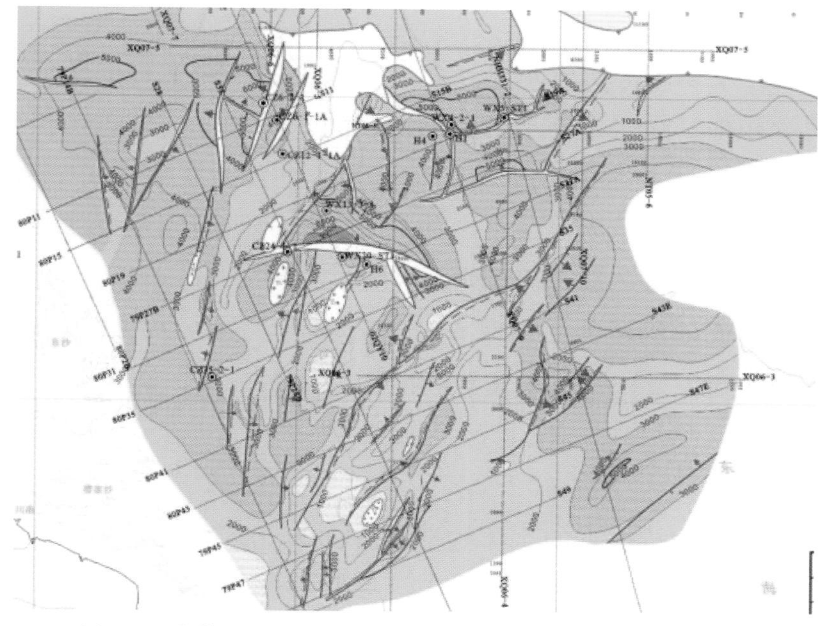

图 2–5 南黄海盆地南部青岛—勿南沙隆起下二叠统顶面构造图

（三）北西向构造体系

南黄海盆地北西向断层不发育，主要是新华夏构造体系的北北东向断裂的配套断裂。北东向和北东东向断裂控制着盆地的形成和发展，把盆地分割成带，使凹陷和凸起呈串珠状相间排列，北西向断裂又把盆地分割成块。

北黄海盆地北西向断裂总体发育较差，但其东部坳陷北西向构造体系比较明显。根据东部坳陷地区最新的地震解释成果（王后金，2014），断裂规模相对较小，称其为“北西向调节断层”。对控制隆起与坳陷的分布及形态影响不大，但对含油气局部构造的形成具有重要作用；在地震剖面上多表现为正断层形式，少数为逆断层，在平面上多具有右行平移性质。该组断层形成于晚白垩世—古近纪早期（燕山末期—喜山早期），是太平洋陆块俯冲方向的改变导致北黄海盆地的区域应力场背景由拉张变为北北西—南南东向挤压所致，由于该期构造活动相对较弱，因此它常被早期的近东西—北东向断层所限制（如东部坳陷的南部边界断层，分别限制多条北西向断层向南东方向延展）。至始新世—渐新世，该类断裂一般又发生微弱的张性活动。

三、东海盆地

东海是新华夏系第一沉降带的一个巨型沉降区，介于新华夏系第一隆起带的琉球隆褶带和第二隆起带的浙闽隆褶带之间，南北分别被南岭和秦岭纬向构造带限制，为走向北北东的大型新生代盆地（图 2–6）。东海中部呈北北东向展布的钓鱼岛隆褶带将东海分成东、西两个盆地，西面为东海陆架盆地，东面为冲绳海槽盆地。这两个盆地存在明显差异。

东海盆地是大陆的延伸，发育 4 类构造体系（图 2–7），即华夏构造体系、纬向构造体系、新华夏构造体系及北西向构造体系。

（一）华夏构造体系

东海陆域华夏构造体系的主体构造线方向为北东—南西向，集中分布于苏南、皖东南、赣东北和浙西北等，并以北东—南西走向或北东东—南西西的、产生于震旦纪—二叠纪的褶皱、挤压性和扭压性的断裂及破碎带为主所组成，有时还有不同性质的火成侵入岩体与之伴生。

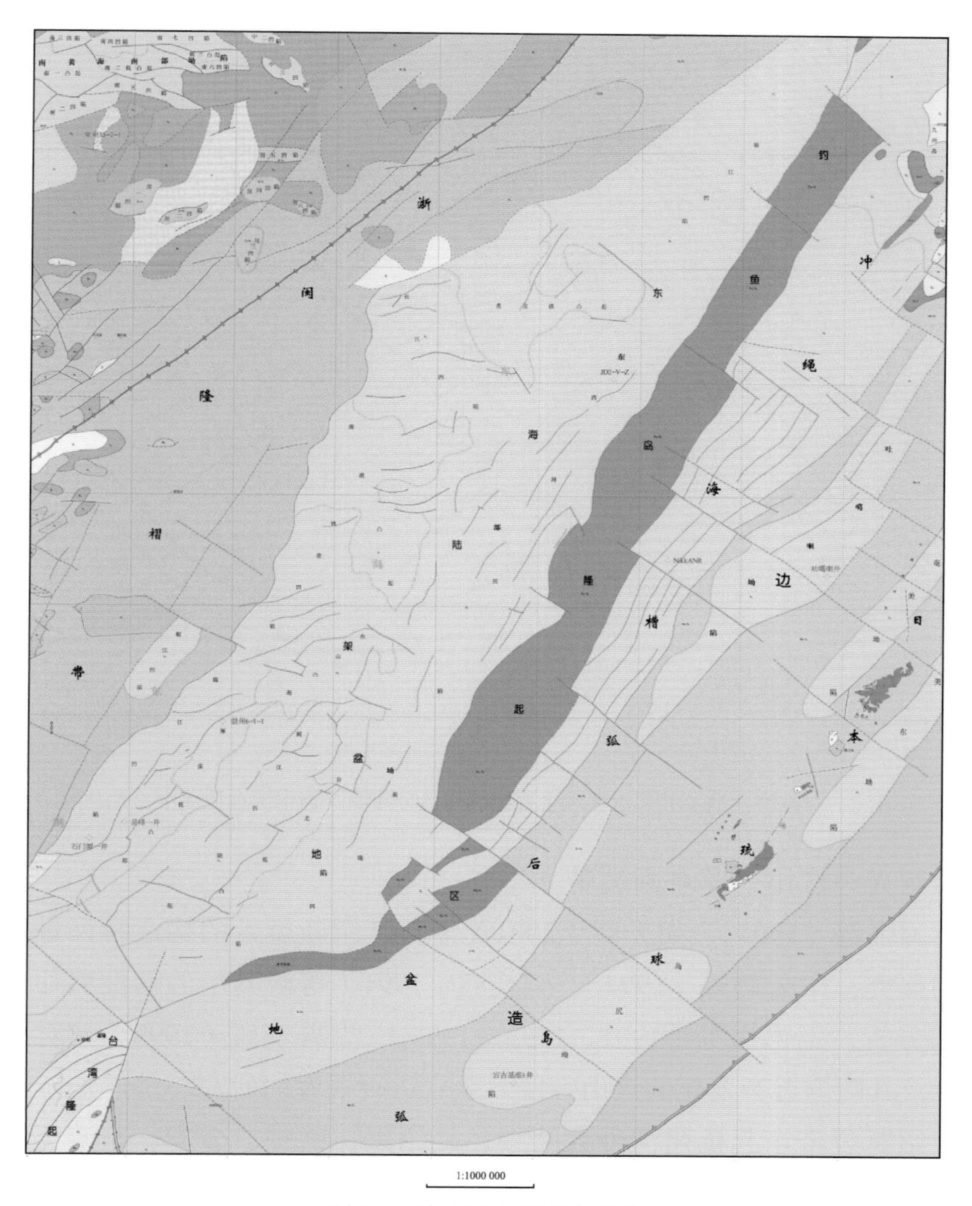

图 2–6　东海盆地构造体系图

华夏系构造体系在中生代活动也较强烈，控制了自浙闽隆起直至东海各大区域内的构造地貌、古地理格局。下文将简单地分析东海陆域内华夏构造体系中的 3 条典型断裂带。

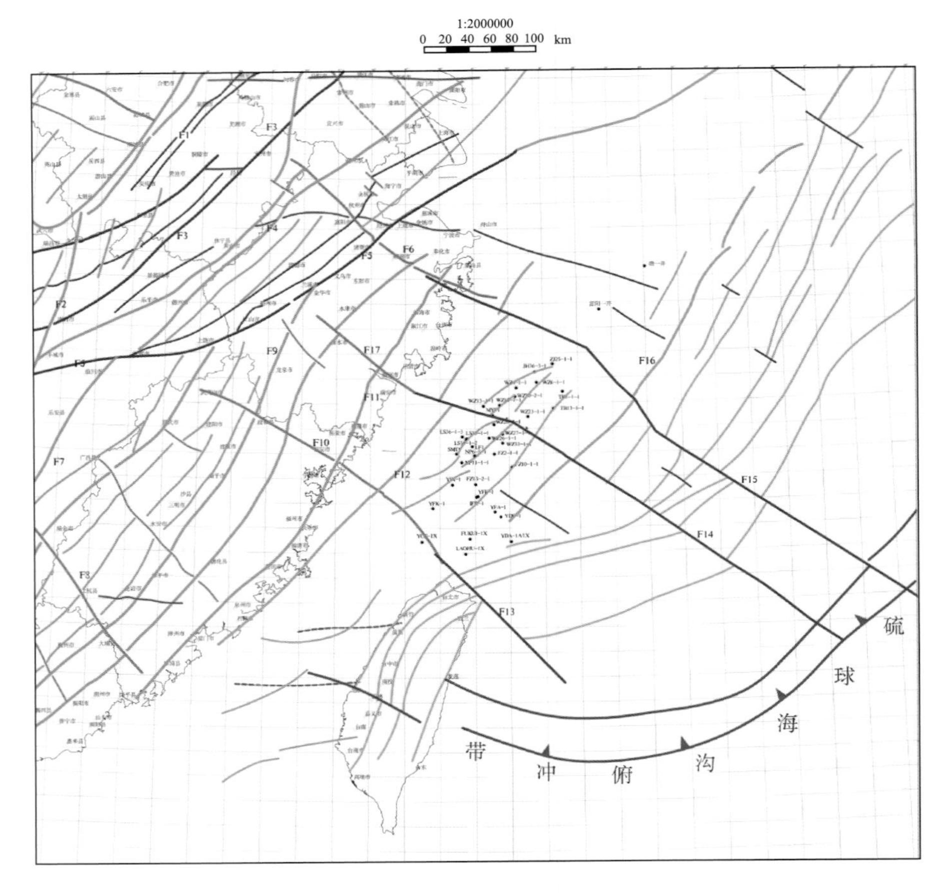

图 2-7 东海盆地及其邻近区域主要断裂构造分布图（据中国地质大学，2018）

1. 绍兴—江山—萍乡断裂带

竺国强等（1997）、胡开明（2001）等对江绍断裂带的构造特征进行了较系统的研究，朱云鹤等（1994）、王礼胜（1991）等对其中的韧性剪切带进行了成因分析，王德滋等（1991、1993、1994）、廖群安等（1999）又对沿江绍断裂带及其两侧近旁发育的火山—侵入杂岩进行了专门研究。

江绍断裂带东起杭州湾外大陆架，经绍兴、诸暨、金华、龙游至江山延到江西，省内延伸长达 280km，经历了长期而复杂的多次活动。在不同的地质发展过程中，宽度可由数千米至 20~30km。沿其走向，有超基性、基性岩体和石英闪长岩带分布，有早期的超基性、基性和中酸性火山喷发（多已发生变质作用）和后期的玄武岩和中酸性火山岩分布，有规模较大的韧性剪切带和一系列中新生代断陷盆地和脆性断裂展布。其中，沿断裂带发育的韧性剪切带长达

240km，由糜棱岩组成，从绍兴平水、诸暨联山、金华北山至江山断续出露，出露较好的地段宽 0.6~5.5km。韧性剪切带是江绍断裂带十分具有特点的宏观标志（胡开明，2001）。

江山—绍兴断裂带是一条长期活动的构造带。不同时期，在不同构造环境与构造应力条件下，有不同性质的活动表现，具有不同的构造变形特征，并对两侧的地质历史具有明显的影响（竺国强等，1997）。

扬子陆块与华夏陆块在中元古代末神功运动中沿江山—绍兴断裂带近南北向斜向碰撞造山。在中元古代双溪坞群中形成不同级别的平卧或斜卧褶皱，并在北侧形成浙西前陆盆地，其南侧则上升隆起遭受剥蚀。印支运动是浙西北地区继神功运动之后最强烈的一次地壳运动，它使江山—绍兴碰撞带北侧浙西前陆盆地及其上叠的浙西坳陷盆地中沉积物遭受强烈挤压，形成一系列北东向褶皱山脉，同时表现出明显的由南东向北西的推覆特征，在西端江山—衢州一线，前震旦纪地层逆冲推覆在新地层之上的现象十分常见。肖文交等（1997）据此将金衢盆地所在的浙西北地区称之为中生代前陆褶皱冲断带。燕山期的断块活动异常强烈，江山—绍兴碰撞带是一条明显分界线，其南东为大片侏罗纪、白垩纪沉积地层与火山岩系覆盖，而北西侧仅局部地区形成沉积—火山盆地，并沿着江山—绍兴断裂带发育一系列串珠状中生代断陷盆地（竺国强等，1997）。

江山—绍兴古陆对接带作为重要的大地构造单元边界（舒良树等，2002），是在晚元古代裂谷带的基础上，于中生代再次强烈活动，经由几期张裂和火山作用发展而成的一条大陆裂谷带（邓家瑞等，1997、1999），对箕状金衢盆地的形成起到了控制作用。它发生于晚三叠世—中侏罗世，发展于晚侏罗世—白垩纪，衰亡于古近纪（邓家瑞等，1997、1999）。其形成过程为：中三叠世后开始拉张，充填了上三叠统—下侏罗统，并见基性熔岩喷发；中侏罗世开始隆起、遭受剥蚀，晚侏罗世—早白垩世早期在隆起的背景下，沿赣杭断裂带发生局部拉张，形成赣杭火山活动带；早白垩世末，该带再次发生强烈的拉张，形成赣杭红盆断陷带，金衢盆地内沉积了巨厚的早白垩世晚期—晚白垩世红色碎屑岩，并有偏碱性玄武岩和拉斑玄武岩夹层；白垩纪末开始，区内地壳总体上升，盆地逐渐干涸封闭，缺失新近系及部分古近系的上部（邓家瑞等，1997、1999；沈忠悦等，1999；张星蒲，1999）。

综上所述，江绍断裂不是一条“线”而是一个“带”，在不同的地段其宽度和走向不同，某一地段的许多断层，其长度、断距和断及深度亦会有明显差异，可能有一条或数条特征明显的主干断层，共同组成了具有一定宽度的大地构造意义上的江绍断裂带。

2. 东乡—湖（州）—苏（州）断裂带

该断裂带由浙江省湖州向北东延伸，经吴江—苏州—阳澄湖—沙溪镇一线进入黄海，总体呈40°~50°方向展布，区内长达170km左右。断裂东侧，吴江县265钻孔（郭巷公社西南约2km），孔深780~815m见断层角砾岩，角砾成分以细砂岩为主。镜下见胶结物中绢云母鳞片多呈定向排列。挤压破碎严重，且见扭曲、擦痕，裂隙中还见有方解石或方解石与硅质所组成的细脉充填。孔内见断裂上盘上侏罗统火山岩与火山碎屑岩不整合盖在下盘二叠系下统堰桥组细砂岩夹粉砂岩之上，显示了正断层性质。但由于断裂带中的断层角砾岩和旁侧的堰桥组粉砂岩均见定向排列的挤压片理，说明该断裂早期可能为压性，后期表现为张性的特点。断裂东南侧上侏罗统火山岩分布广泛，西北侧较少，在不同地段又切过上侏罗统火山岩、上白垩统和古近系红层，说明活动时间较长。

3. 政和—大浦断裂带

政和—大浦断裂带也称丽水—莲花山断裂带，断裂带北起宁波，经丽水、政和、大埔、深圳一线，南北两端分别延入海域，总体走向为北北东30° 左右，是一条具有一定切割深度、规模和分化性的区域性主干断裂带。该带以中生代大型走滑作用及对东南沿海中生代大面积火山岩的控制为突出特征。该带在遥感图像上线性特征明显，而反映深部构造方面的地球物理特征却不很明显。沿带有玄武岩及幔源型的基性、超基性侵入体，说明可能已切穿莫霍面。

中生代是丽水—莲花山断裂带最重要、最强烈的活动时期，它不仅对燕山早期玄武岩—流纹岩双峰式组合的火山断陷盆地具有明显控制作用（控制了由龙岩适中至尤溪吉木一线沿该构造带分布的T_3–J_1海相地层和火山岩的分布，玄武岩浆的喷发还代表燕山早期的张裂作用具有一定的深度和规模），而且对东部大面积晚侏罗世火山喷发作用有所控制，且致使断裂带东、西两侧火山岩的岩石组合、颜色、厚度等均有一定区别。沿断裂带有众多燕山期岩浆侵入，如龙岩适中晚侏罗世花岗岩沿断裂带侵入。

中生代时期政和—大浦断裂带的构造形变主要表现为密集的北北东向脆性、韧性断裂的发育（图 2-8）。这些断层一般呈北北东 20°~30° 走向，平直、倾角一般均在 50° 以上，倾向南东者居多，以左旋走滑兼具逆冲性质为主要特征。走滑特征主要表现为：①平行、斜列的断裂组合反映其具有左旋走滑特征，如龙岩适中至永定抚市一带的北北东向断裂组合；②单条断裂具有近水平或缓倾伏擦痕等，发育有走滑特征的构造岩如糜棱岩化岩石等，且可以判断它们具有左旋走滑特征；③常发育一些左行脆韧性断层带，如尤溪浯溪—大田东佳脆韧性断层和南平蒙瞳洋—茫荡山一带梨山组底部的片理化带，政和地区燕山期石英闪长岩中，北东向韧性剪切带发育。所以，据以上特征可以判定丽水—莲花山断裂带在中生代时期具有显著的走滑断层性质，是造山作用应力释放的需要和达到高潮的标志。其形成原因与平潭—东山构造带一样，只不过由于距离板块碰撞带较远，应力逐渐递减，而走滑作用表现不如平潭—东山构造带强。

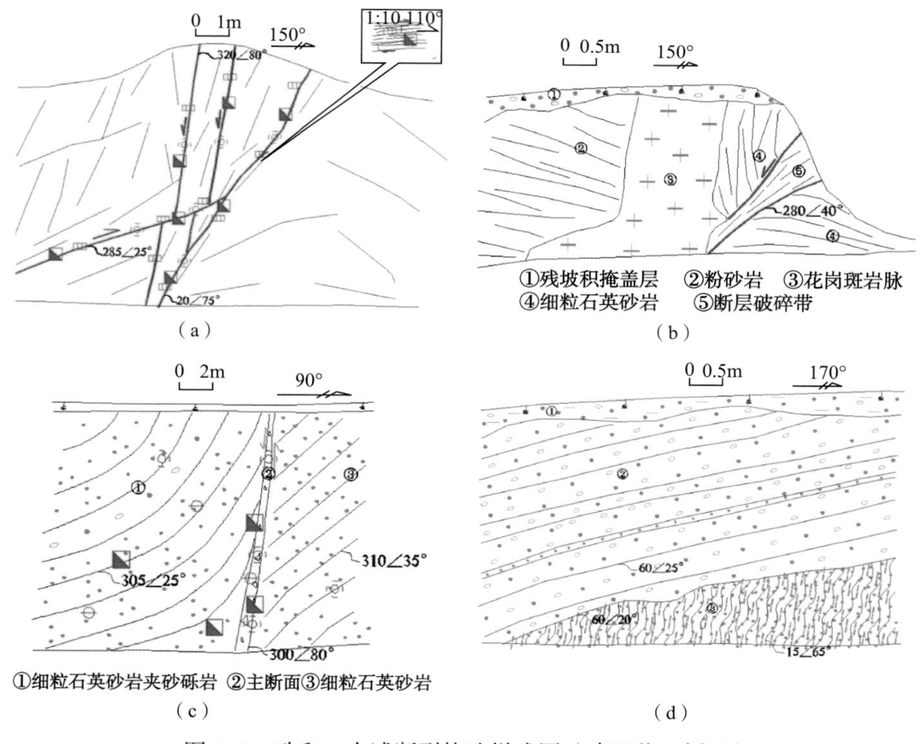

图 2-8 政和—大浦断裂构造样式图（建瓯奖口剖面）

除了上述区域性的北北东向断裂体系外，较低级别的华夏系构造体系非常发育，深刻影响了陆域地貌，这在局部地貌图上表现得非常明显。

（二）纬向构造体系

纬向构造体系可分为两带，南带位于东海南部，在北纬 23° ~26° 之间，北带位于东海北部，在北纬 32° 以北地区。是由走向东西的隆起、坳陷、断裂及中基性火山岩带组成的压性构造带，分别为南岭、秦岭纬向构造带向东海的延伸部分。此外，介于上述两大纬向构造带之间（北纬 30° 和 29° 附近）尚有一些规模较小的、走向近东西的地堑和断裂。

纬向构造体系主要特点如下：①北强南弱，西强东弱。②正负相间，以正向构造为主。③定纬度分布，大致每隔 1° 出现一条。④长期反复活动，控制了东海新生代沉降区南北边界，还控制了济州岛喜山期基性火山岩和彭佳屿—赤尾屿喜山期中基性火山岩带的分布。⑤使东海沉降区南、北边缘展布方向由北北东变为北东东。

纬向构造体系北港隆起、观音凸起将“大东海”海域中生界划分为三个区域，即南海东北海域（Ⅰ区）、台湾海峡区域（Ⅱ区）、东海（Ⅲ区），三个区域在中生代构造体系（主要是断裂体系）的组成、样式和展布方面各有特色，在中生代层序展布特征方面也有很大差异。

Ⅰ区，也即南海东北部，发育两条具地壳缝合带性质的深大断裂带，即珠外—台湾海峡断裂带和斜贯海陆的丽水—海丰—琼东南断裂带，它们的形成演化与华南加里东构造旋回密切相关，并对加里东期后南海北部与华南大陆之间的构造格局及中生界、新生界的发育特征起着重要控制作用。其中侏罗系和白垩系的厚度分布稳定，不具有断控和裂谷充填特点，其中生代断裂体系展布尚不清楚，但应该不很发育。

Ⅱ区的断裂展布特征明显不同于Ⅲ区，呈稀疏的弧形展布。此外，侏罗系和白垩系的展布明显不同于观音凸起，在Ⅱ区急剧加厚，且掀斜作用导致的变形、不整合等构造特征突出。

（三）新华夏构造体系

新华夏构造体系有 3 条典型的断裂带。

1. 滨海断裂带

也可能是海礁—东引大断裂，或是长乐—南澳断裂的一部分。大致分布于乌丘屿—兄弟屿一线的北东向断裂带。它是新生代浅海沉积物由薄至厚的转折带，控制着台湾海峡坳陷（前陆盆地）西界，也是东南沿海中生代岩浆带的东界。根据地震测线剖面，该断裂带由一组北东走向、南东倾向的断层组成。断层东侧为断陷盆地，晚中生代时开始张裂下沉，形成箕状盆地，盆地内沉积了巨厚的中新生代海相沉积物。

据金庆焕等（1993）、王培宗等（1993）等资料，该断裂带是历史上强震及现今弱震的震中集中分布带，大地电磁测深资料表明该断裂带切穿岩石圈，布格重力异常特征在海峡重力高的背景上有局部重力异常沿断裂呈珠状分布，卫星影像上线性构造清晰，地貌上该带是滨海岛链带与水下坡带的分界线。这些特征也从另一方面佐证滨海断裂是一条区域性主干断裂，它的形成与太平洋板块向亚洲大陆俯冲作用有关。

2. 西湖—基隆大断裂

该断裂为重磁资料反映的断裂，该断裂位于东海陆架盆地东缘，构成了陆架盆地与钓鱼岛隆褶带的分界线。总体走向为北北东向，倾向为北西向。不同部位走向有差异，北段为北北东向，中段为北东东向，南段为北东向，延伸长达 700km 左右。渔山—久米断裂以南，有较为明显的向右错动位移，可能与古近纪时期菲律宾板块从太平洋板块中分出并向北北西方向俯冲，从而发生了构造应力的转变，导致右旋构造运动有关。

该断裂是一条断及地幔、早期存在、长期活动的大断裂。该断裂在盆地初期裂谷阶段由于强烈拉张应力作用重新复活，直到中新世末的龙井运动基本结束活动，它控制了钓鱼岛隆褶带的长期隆起和陆架盆地的大规模沉降，造成晚白垩世—中新世地层在断裂东侧钓鱼岛隆褶带上缺失或明显减薄，使陆架盆地东部坳陷古新统至中新统地层发育齐全，厚达万米以上。

另外，沿此条断裂还有一系列岩浆活动。该断裂南北两段活动时间有所差异，北段主要活动期在白垩纪—古近纪，渐新世以后活动逐渐减弱，龙井运动又一次活动后渐趋稳定，南段在上新统中明显可见断裂和岩浆活动。

3. 雁荡主断裂

总体呈北北东走向，倾向北西，延伸长度逾 255km，由三段组成：北段约 93km，中段约 62km，南段达 120km。断裂性质为以伸展应力作用为主的正断裂。该主断裂是由南部北东向、中部北北东向和北部北东向几条雁列式排列的大断裂组成的断裂带，是划分瓯江断陷和雁荡低凸起的分界断裂，具有一定的扭应力作用特征，偶见花状构造。该断裂从中生代的基隆运动开始发育，大致在始新世逐渐减弱，终止于始新世末的玉泉运动（图 2–9）。

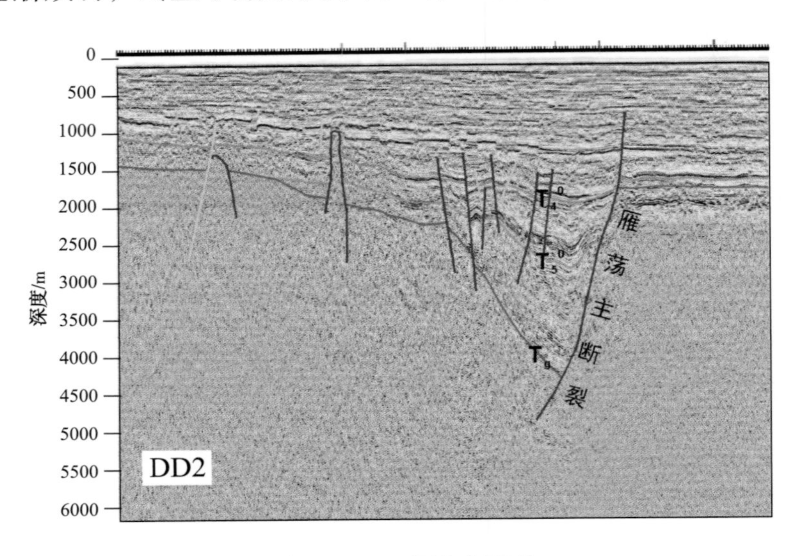

图 2–9　DD2 雁荡主断裂

（四）北西向构造体系

1. 陆域北西向构造体系

在陆域，中生代时期的北西向构造体系控制了浙闽隆起上的火山活动。在构造上，北东向和北东东向断裂控制着盆地的形成和发展，把盆地分割成带，使凹陷和凸起呈串珠状相间排列，北西向断裂又把盆地分割成块。

根据重磁解释成果（王后金，2014），北西向断裂规模相对较小，起调节应变作用，可称其为“北西向调节断层”，其对隆起与坳陷的分布及形态影响不大，多表现为正断层形式，少数为逆断层，但在平面上多具有右行平移性质。该组断层形成于晚白垩世—古近纪早期（燕山末期—喜山早期），是太平洋板块俯冲方向的改变导致区域应力场背景由拉张变为北北西—南南东向挤压所致，由于该期构造活动相对较弱，因此它常被早期的近东西—北东向断层所限制。至始新世—渐新世，该类断裂一般又发生微弱的张性活动。

1）八都—三魁北西向断裂带

八都—三魁北西向断裂带位于浙闽交界处，沿八都、屏南、左溪、泰顺、三魁一线分布，北西侧延入江西，东南侧延入海域，总体走向为北西 300° 左右。该断裂带对三叠世—早侏罗世地层南北分布有一定的影响，同时对晚侏罗世浙西与闽西地区的火山作用也有一定控制。

2）上杭—云霄断裂

于上杭—云霄一线，航磁图表现为一串局部正磁异常，场值在 100~200mT，在上延 2km、4km、6km、10km 的 135° 方向导数图上，具有明显的特征线显示。福建物探队认为这是一条地壳型断裂带，北侧是地幔坳陷区，南侧是地幔隆起区。基于该线北侧磁场变得杂乱，重力场负值增多，其更可能是一条火山喷发活动强度的分界线，该断裂北东部分区的火山喷发强度显著加强，火山磁场特征面貌比较典型，而南西部岩浆侵位多，火山喷发作用相对减弱。由于松溪—宁德断裂带的左旋走滑和上杭—云霄断裂带的右旋走滑，三条北东走向的深断裂—余姚—政和—深圳、镇海—闽清—海丰、黄岩—长乐南澳等均被错断成三节，北段向西平移约 40~60km，南段向西平移约 10~20km。

这些形变特点和形变方式在地表露头、火山岩分布、遥感图像、重力异常、航磁异常和大地电磁测深资料上都有清楚的反映。根据东海和南海油气勘查资料分析，松溪宁德断裂带可能与东海盆地南缘断裂相连接，而上杭—云霄断裂带可能与珠江口盆地北缘断裂相连接。由此看来，这两条北西向深断裂分别属于两条巨型转换断裂的组成部分，它们的左、右旋走滑活动特点和方式与东海盆地及珠江口盆地的扩张有密切联系。

3）嵊县—温岭断裂

该断裂即原航磁确定的孝丰—三门湾大断裂带的东南段之西南边界，长近 200km。厘定这条断裂的主要依据是航磁异常图，在新昌、天台南、临海及台州湾北岸，分布着系列环状异常群，分别反映了火山盆地、火山穹隆、破火山口构造。引起异常岩性主要是中酸性火山岩及少量中性侵入体（如河头镇等地），显现这条断裂形成于燕山晚期，直至喜山期仍有活动。

2. 东海盆地北西向构造体系

东海盆地在中生界发育了系列北西向构造体系，对于中生代东海周边区域的古地貌、沉积充填、古地理面貌起到了重大控制作用。其中发育的舟山—国头、渔山—久米等一系列北西向断裂，构成了北西向构造体系，对海域中生界的构造、古地貌和沉积造成了深远影响。

（五）东海盆地构造体系复合关系

东海新华夏系、纬向构造和北西向构造相互作用，产生了明显的联合、复合关系，主要表现如下。

（1）新华夏系和南岭、秦岭纬向构造带联合作用使东海新华夏系一级构造带呈弧形展布，南部表现得尤为明显。

（2）南岭和秦岭两大纬向构造带延入东海后，被新华夏系第一沉降带重叠复合，被掩覆在新华夏系之下。

（3）早期纬向构造被新华夏系构造穿切、错开，晚期纬向构造又错开新华夏系，呈反接复合；纬向构造及新华夏系被北西向构造穿切、错开，分别呈斜接、反接复合。

东海构造体系相对的活动次序为：纬向构造→新华夏系→北西向构造。

东海自新生代以来，构造体系发展大致经历了三个阶段：早期（古近纪）纬向构造继续活动，新华夏系活动加强，北西向构造开始活动；中期（新近纪中新世）新华夏系活动剧烈；晚期（新近纪上新世—第四纪更新世）新华夏系继承性活动，往东进一步加强，北西向构造活动强烈，错开新华夏系，同时纬向构造再次活动，也错开新华夏系，如衢山岛地处舟山群岛北部，发育东西向断裂和北东向断裂（图 2–10），新生代东西向断裂强烈活动，使白垩纪火山岩和元古代中—深变质岩直接接触，南侧为白垩纪火山岩，北侧为元古代中—深变质岩，东西向断裂又被北东向断裂错开，表明东西向断裂及北东向断裂新生代均强烈活动。

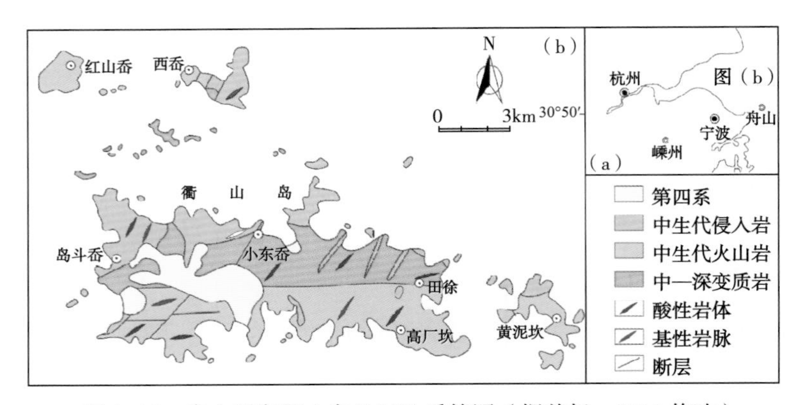

图 2–10　舟山群岛衢山岛地区地质简图（据姜杨，2016 修改）

综上所述，新华夏系构造活动贯穿新生代始终，并有进一步加强之势，占主导地位。纬向构造、北西向构造间歇性活动，与新华夏系共同控制着东海的成生发展。

四、南海盆地

南海盆地的构造体系主要有以下几种类型。

（一）纬向构造体系

北部东西向沉降带包括莺歌海盆地、北部湾盆地、琼东南盆地、珠江口盆地，南部为婆罗洲沉降带。

（二）华夏构造体系

南海中部发育北东向断裂系统。南海内部由于华夏构造体系控制的张扭断裂使其发育多个北东向分布中新生代断陷盆地：中建盆地、安渡盆地、西沙南盆地、郑和盆地、礼乐盆地、巴拉望盆地、文莱—沙坝盆地及南沙海槽等。

北东向断裂系呈北东方向延伸，随着太平洋地块东部向西俯冲，南海大陆边缘地壳向东南伸展，造成地壳减薄而导致张裂形成，此断裂是南海大陆边缘盆地最主要的基底大断裂系之一。

在南海北部及东海，这组基底大断裂由西北向东南逐渐变新，东海和南海北部都分布着一组北东走向的基底大断裂。由西北向东南，断裂由老到新，可分为三个发展时期。

（1）南海及东海大陆架边缘的万山断裂及渔山东断裂，呈北东—北北东方向延展，是新生代沉积的边界。

（2）在大陆架中部发育了一系列向西南斜列的雁行式基岩大断裂，控制着坳陷带及隆起带的分布，多形成于古近纪。主要有温东及基隆断裂、惠州南断裂及珠三南断裂、琼东南的 5 号及 2 号断裂等。

（3）在大陆架外缘与大洋地壳之间的过渡区，发育一组新近纪到第四纪的北东向—北东东向大断裂，主要有冲绳海槽东断裂、台湾东部纵谷断裂和台西南的义竹断裂等。它们控制了沉积坳陷和隆起，现今仍处于活动期，亦属地震活跃带。

（三）新华夏构造体系

中新生代已发育起来的北北东向构造体系。代表性构造成分有马尼拉海槽及菲律宾群岛。

（四）反S形构造体系

这个反S形构造体系是全球著名的巨大反S形构造体系。它起于喜马拉雅山南缘，即印度地块北缘，经过缅甸北缘南东到印度尼西亚，长度达2300km，从西向东南为完整反S形构造体系。它由大型断裂带、隆起带及沉降带组成。

（五）北西向构造体系

北西向断裂系属比较隐蔽的大断裂，在海区地震剖面上表现不明显，在陆上也仅根据构造线延展的突变关系推测，但在重力异常图上显示明显。该组断裂断达古近系沉积基底，并向地壳深部延伸，对中新生代沉积构造也有显著的控制作用，造成南海边缘海盆地从北到南具南北分块的格局，块与块之间新生代地质构造存在明显差别。

1. 神狐东断裂

神狐东断裂位于珠江口盆地神狐隆起之东缘，通过珠一坳陷恩平凹陷与珠三坳陷文昌A凹陷之间延伸到陆上。该断裂发育演化时间长，从古生代直到新生代，且分割了珠江口盆地东西部基底，其对新生界地质构造亦有明显分割作用。

2. 台南及闽江东断裂

这两条断裂分布在台湾岛南北，呈北西走向，具有平移性质，其分割了珠江口盆地、台西盆地和东海盆地。

3. 红河断裂

红河断裂东南部通过莺歌海盆地中部的莺歌海坳陷，其西北部与陆上的哀牢山—红河大断裂是印度地块与华南陆块的分界线。

第三章
盆地原型及演化

构造体系的演化直接控制和影响盆地演化。中国海洋共四大海域：渤海、黄海、东海和南海。在四大构造体系联合控制下，自震旦纪—早古生代以来共发育四大类原型盆地，即震旦纪—中奥陶世，为裂陷克拉通盆地；晚奥陶世—泥盆纪，为挤压克拉通盆地；石炭纪—中三叠世，为克拉通内坳陷盆地；晚三叠世—新近纪，为断陷盆地。当然，由于各海域地质构造条件和成藏条件不同以及勘探程度差别很大，因此，目前只能根据所获油气地质资料进行论述。

一、渤海盆地

渤海海域跨辽东湾坳陷结构剖面见图 3–1，渤中地区南部结构剖面见图 3–2。

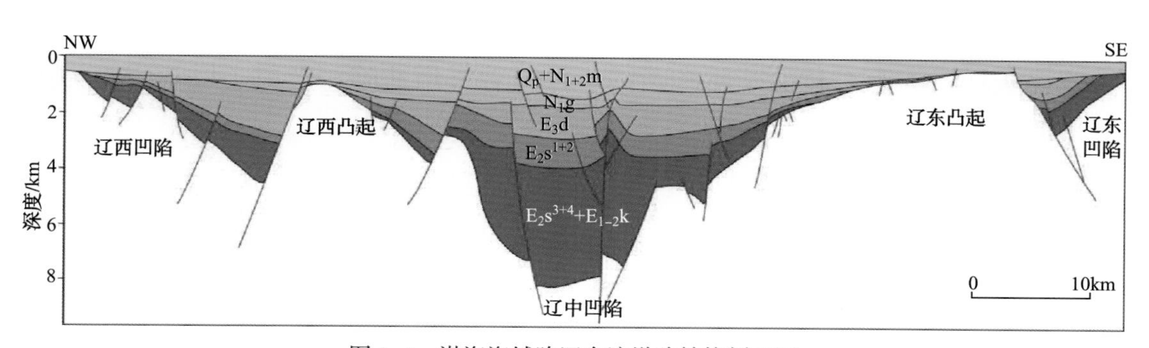

图 3–1　渤海海域跨辽东湾坳陷结构剖面图

二、黄海盆地

黄海盆地演化可划分为四个阶段。

（1）以纬向构造体系为主控制了晚震旦世—中奥陶世为裂陷—克拉通盆地阶段，晚奥陶世—泥盆纪为挤压克拉通盆地阶段，以纬向构造体系和华夏构造体系为主控制了石炭纪—中三叠世为克拉通内坳陷盆地阶段，以新华夏构造体系为主控制了晚三叠世—新近纪为断陷盆地阶段。

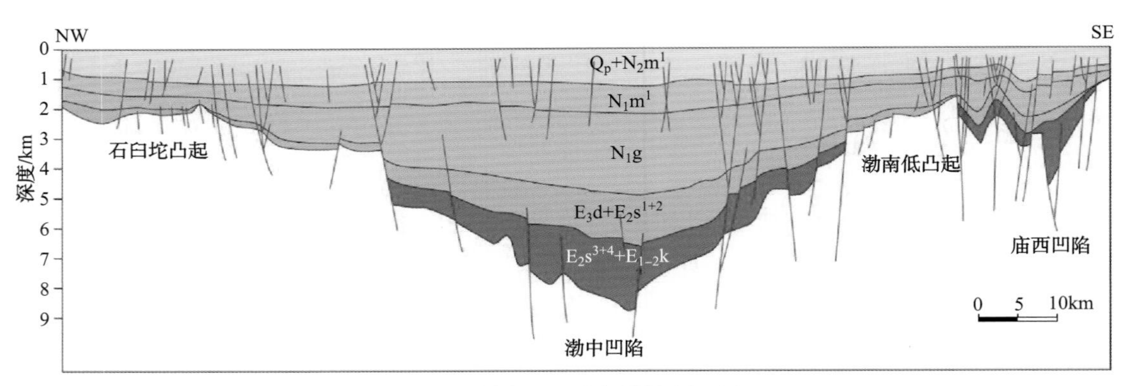

图 3-2　渤中地区南部结构剖面图

晚三叠世—侏罗纪时期，黄海盆地开始形成，为断陷的初始阶段，发育一系列北东走向的正断层，主要构造样式为地堑，形成侏罗系河流—湖沼相沉积，含煤层，形成了北黄海盆地第一套烃源岩，并在上侏罗统发育火山岩和火山碎屑岩。

（2）断陷阶段。早白垩世时期为北黄海盆地的主要断陷期，该时期形成了一系列呈北东走向的断隆和断陷，断层为上陡下缓的“犁”式断裂，断距大，主要构造样式为不对称的断阶和断陷。伴随着强烈断陷，形成了以湖泊相为主的烃源岩。

侏罗系和白垩系下统组成北黄海盆地中生代构造层（图 3–3），该时期发育了地垒和断阶等主要构造类型，圈闭形成早，有利于油气的聚集，早白垩世末期的中燕山（Ⅱ）运动为左旋走滑，造成挤压褶皱和抬升剥蚀，是构造圈闭主要形成时期，为北黄海盆地晚中生代含油气系统的形成奠定了地质基础。

（3）走滑—拉分阶段。古近纪时期，北黄海盆地为走滑—拉分阶段，该阶段可分为两个时期，即再次裂陷和古近纪末的右旋挤压褶皱期。前期表现在控坳断陷继承性活动，形成了河流—湖沼相沉积和晚中生代含油气系统的区域盖层。挤压褶皱期为反转背斜构造圈闭的形成期，形成了主要活动于古近纪的晚期断裂系。最终形成了北黄海盆地晚中生代和古近纪两套不同构造层演化阶段。

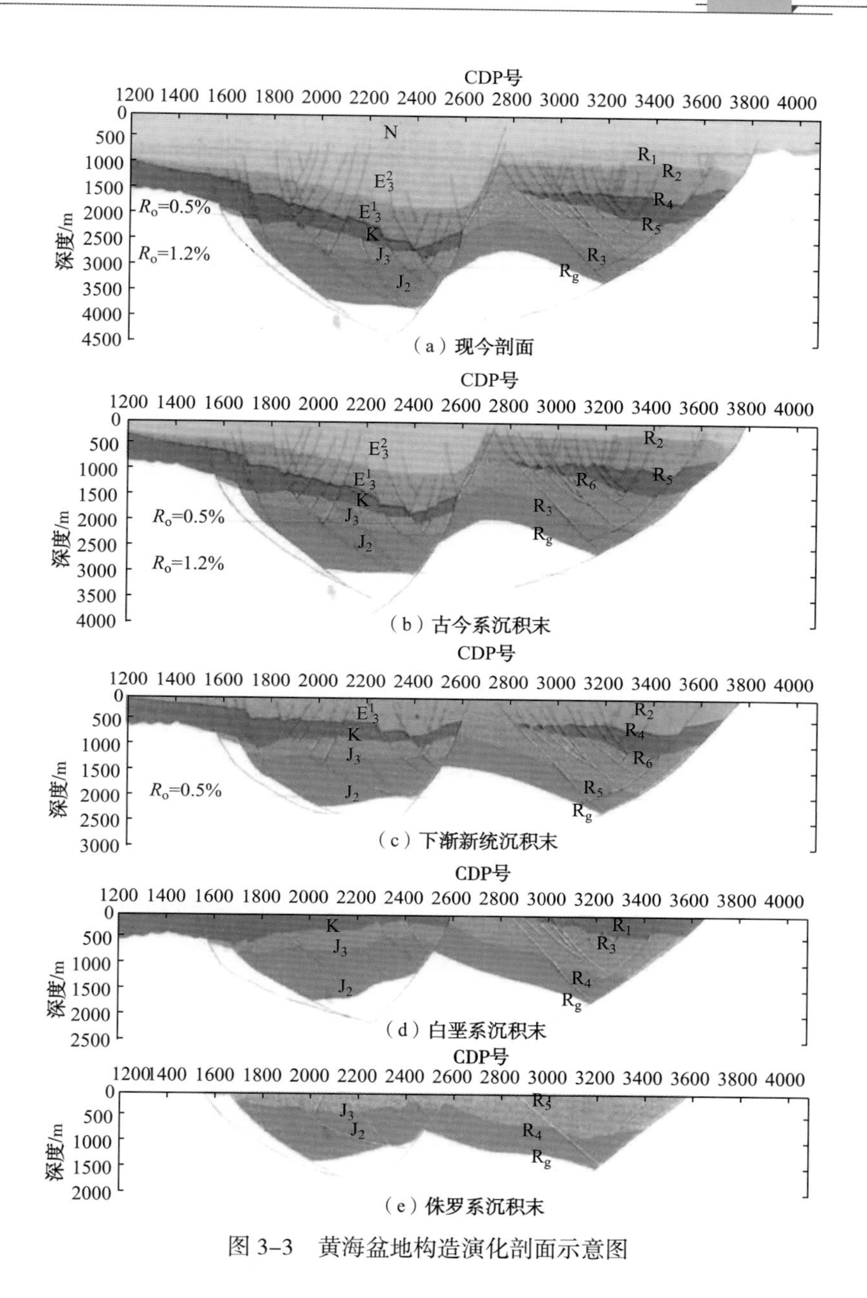

图 3-3 黄海盆地构造演化剖面示意图

（4）坳陷阶段。进入新近纪，北黄海盆地为沉降坳陷期。新近纪广泛分布。

（一）北黄海盆地

是位于中朝陆块东部隆起背景之上的一个中新生代断陷盆地，在纬向构造体系控制作用下、早古生代沉积之后长期遭到剥蚀。新华夏构造体系作用下开始出现，早侏罗纪开始沉降接受沉积，中新生界发育齐全。经历了侏罗纪—白垩纪断陷阶段、古近系断拗阶段及新近纪坳陷阶段。喜山运动造就了新华夏构造体系盆地内产生多条北北东方向断裂，将盆地切成断块。属于多期发育、复合叠加、后期改造的特殊盆地。

（二）南黄海盆地

1. 早古生代原型盆地类型及演化

在纬向构造体系和华夏构造体系的控制作用下，震旦纪—志留纪形成了裂陷—克拉通原型盆地。震旦纪时发育海侵陆源碎屑岩、碳酸盐岩沉积，沉积相北东向分带十分明显，总体特征呈现为“两台夹一盆（棚）”北东—南西向展布，沉积中心位于皖南一带。震旦纪的皖南运动后，皖南地区地层沉积建造已明显受到北东向古构造的控制。震旦纪休宁期地层已经初步形成走向 50° 的泾县—石台隆起、旌德—屯溪一带隆起，期间华夏系构造体系形成雏形。

灯影期，海侵进一步扩大，海盆范围更加明显，形成了以中厚层状硅质岩类为特征的皖南盆地沉积区。盆地两侧的台地上沉积了白云岩、藻白云岩、颗粒云岩。

早寒武世早期为古生代的第一次海侵高峰期。全区除南京、巢湖和苏北泰县一带可能为“低隆”外，其他地区均为水体相对较深的盆地沉积环境，沉积了一套以黑色、灰黑色碳质泥岩，夹磷、煤等。另外，北部的滁州一带也发展为盆地沉积环境。

中寒武世全区出现了普遍的海退，盆地范围已局限在宁国—休宁一带。早寒武世的盆地沉积已大部分演变为陆棚沉积环境，而台地沉积区开始向南迁移。晚寒武世海水继续退却，导致了全区盆地沉积环境的消失，陆棚沉积区已收缩在石台—宣城一线以东、长兴—淳安一线西的赣东北与休宁—安吉一带。与此同时，台地沉积区向南扩展到五台—泾县一带，形成苏皖台地沉积区。

早奥陶世是早古生代次一级规模较大的海侵期。海水从西南方向侵入全区，由于海水普遍加深，改变了晚寒武世的沉积面貌。以太平—宜兴—绍兴一线为界，以南的浙皖地区为盆地沉积环境，其北面的苏皖地区仍为台地沉积环境。大湾期开始，在台地沉积区范围内，大致沿怀宁—和县一带，出现以游泳型笔石和底栖型三叶虫混生的泥页岩沉积，反映出深水的沉积环境。

北东向硅质碎屑沉积物序列，证明了华夏系对盆地展布的控制作用。在乐观—大岭—芳桥—临安—开化—德兴地区有呈舌状的沉积楔，岩性以硅质岩、泥岩为主，走向为北东东向。

中奥陶世海侵基本趋于稳定，全区继承了早奥陶世的沉积环境，晚期海水有所退缩，沉积物以瘤状石灰岩为特征。太平—宜兴—苏州—绍兴一线以北发育陆棚相沉积，以游泳型为主的头足类生物繁盛为特征。晚奥陶世早期（汤头期），全区出现一次短暂的海退，全区沉积格局演变为西北高、东南低的斜坡沉积。南北的拗拉槽沉积也逐渐消亡。

晚奥陶世（五峰期）再次出现海侵，全区海水普遍加深，形成了区内广泛的盆地沉积环境。石台—泾县—靖江一线以北的苏皖地区为欠补偿型盆地，此线以南的浙西东部地区为浊积型盆地。浊流的物源来自东南方向，这意味着本区东线的华夏隆起已明显抬升为陆源区。

早志留世，因华夏古陆向西扩展，西界可能已达江山—绍兴断裂一线西侧。因此，浙西、皖南等地发生大规模的海退，因受东南向西北倾斜的地形影响，出现由东南往西北的滨海—陆棚—盆地环境的分异。

中志留世，全区继续海退，以滨岸—陆棚沉积为主。至此，早志留世以前的北东向沉积格局已不再存在。由于加里东运动的结束，导致海水最终从全区退出，结束了早古生代的海相地层沉积史。

2. 晚古生代—中三叠世盆地演化（图 3-4）

经历了广西运动之后，在纬向及华夏构造体系的控制作用下，盆地原型变成克拉通内坳陷盆地。江南隆起在浙皖边界抬升，早古生代陆缘海盆地内部出现了一系列北东向区域隆起，全区大部分地区缺失下—中泥盆统沉积，晚泥盆世开始了晚古生代以来的第一次海侵，表现为五通组的滨岸相沉积以微角度不整合覆盖于中—上志留统之上。

晚泥盆世末期，下扬子再次抬升遭受剥蚀，在早石炭世初期，下扬子地区呈现为剥蚀区，直到岩关晚期再次沉降，发生晚古生代第二次海侵，海水由西南进入本区，海侵范围仅局限在苏皖两省，规模较小，海水较浅。

威宁期，本区发生第三次较大规模的海侵。虽海侵遍及全区，但海水较浅，生物发育，基本上为开阔台地沉积，早石炭世存在的茅山—铜陵隆起区和江南隆起剥蚀区已不复存在。

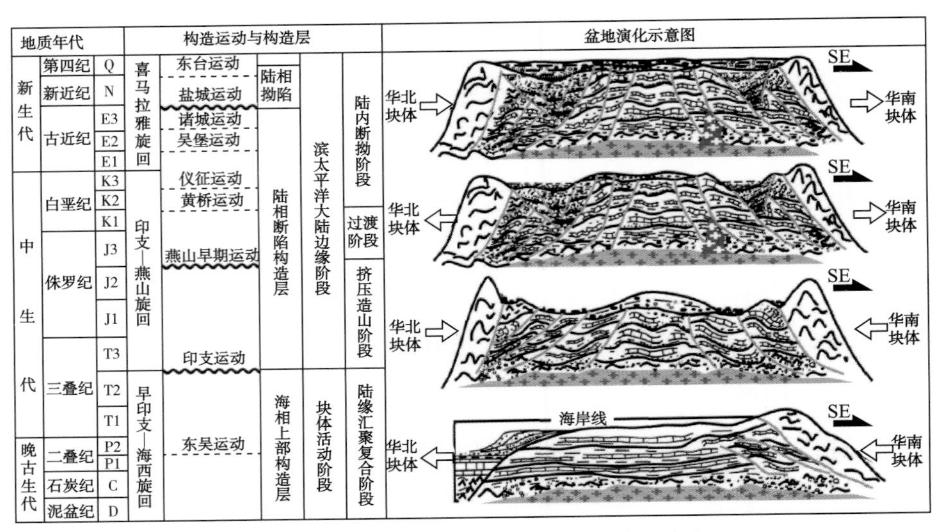

图 3-4 黄海盆地晚古生代以来主要构造演化

晚石炭世马平期，开始发生海退。此时除东、西边缘地带为局限台地环境外，其他广大地区均继承了前期的开阔台地沉积环境。

晚石炭世末期，由于全区抬升，遭受剥蚀，缺失马平阶上部及早二叠世沉积。

中二叠世栖霞阶初期开始全区第四次普遍发育了海侵滨岸相大规模海侵，表现在中二叠统栖霞组的底部，沼泽相含煤碎屑岩沉积，之上为开阔台地相碳酸盐岩沉积。总的看来，早二叠世栖霞期的海侵比较缓慢。

茅口早期，由于陆壳内部拉张断陷活跃，使得全区海水加深，但各地海水深浅不一。西部水体较深，沉积略厚，发育了孤峰组的台盆相硅质岩沉积。茅口晚期，因东吴运动的影响，全区海水大量退却，东部出现滨岸三角洲沉积。

晚二叠世吴家坪期，全区出现了晚古生代以来的第五次海侵高峰，发育了海陆交互相的龙潭组三角洲相沉积。

晚二叠世长兴期，由于陆内裂陷作用加强，海水加深，形成了以江西德安—安徽太平—广德—江苏江阴一线以西地区的大隆组硅质岩、硅质泥页岩（西区）及其以东地区长兴组石灰岩（东区）的同期异相沉积。江南隆起的北东延伸部分，即广德—江阴一带的水下隆起是控制东、西两侧岩性、岩相变化的分界线，这一格局一直延续到早三叠世晚期。

早二叠世末的东吴运动，造成大面积的隆起剥蚀作用，出现海西—印支阶段最强烈的火山喷发作用。东吴运动，引起部分盆地的性质发生变化，隆起区范围扩大，海侵范围明显减少，是盆地演化的转折点。

东吴运动后，盆地进入逐渐消亡阶段。虽然，消亡的征兆在这一阶段的早期，即处于二级海平面相对上升时期的晚二叠世还没有充分显示出来，到早—中三叠世，沉积区范围明显变小，克拉通盆地中的蒸发台地相大面积发育，边缘及板内伸展盆地中浊积岩系广泛出现，纵贯南北的深水槽也终于形成，整个盆地也在中—晚三叠世的晚印支运动中，结束了它的板内发展历史。

早三叠世早期开始缓慢海退，继承了晚二叠世晚期构造格局及沉积特点，海水普遍较深，沉积一套陆棚相泥质岩与石灰岩。唯有东缘江山—衢县一带因临近华夏古陆，沉积物以细碎砂岩为特征，代表着滨岸沉积环境。

早三叠世晚期，继续海退，并承袭了早期的沉积面貌，主要为斜坡—台地—浅滩相碳酸盐岩沉积。

中三叠世早期，海水已开始大规模退出全区，继而出现了台地蒸发和潟湖沉积环境。

中三叠世后期，海水全部退出本区，开始沉积以河、湖相为主的黄马青组红色碎屑岩。至此，全区结束了海相沉积历史，并为晚三叠纪陆相含煤碎屑岩沉积所取代。

晚三叠世以来，新华夏系是东亚濒太平洋地区规模最宏大、形象最壮观的一个巨型多字形构造体系，对我国东部构造轮廓起着主要的控制作用（李四光，1962）。区内新华夏系大体分为三个发育阶段：晚三叠世—侏罗纪早期，新华夏系构造作用并不强烈，岩浆活动微弱，一些构造形迹刚刚处于萌芽状态。晚侏罗世—晚白垩世早期，以断裂和岩浆活动为特色的地壳活动大大加强，构造形迹应运而生，形成断陷盆地。晚白垩世—早第三纪中期，是新华夏系构造强烈活动期，喜一期的反转拉张以逆冲断层反转滑脱回落为特征持续拉张，白垩系和第三系为代表的大幅度沉降作用相继发生。新华夏系隆起、沉降产生并定型，成就了区内数十个中新生代断陷盆地，奠定了区内新华夏系的基本形态。

黄海盆地的形成机制，目前仍未有定论。前人据黄海盆地内的地堑、半地堑构造样式，大多认为黄海盆地新生代以来是断陷盆地（姚伯初，2006；李慧君，2011；温珍河 1997；郑求根，2005；李文勇，2006），这是由于地震剖面上很难识别出走滑断层，因而，常将一些次级断裂错误识别为主断裂，导致之前的一些断层平面组合并不十分合理。随着黄海盆地地震资料的丰富和研究的深入，一些走滑断层逐渐被识别出来。例如，前人在北黄海盆地内识别出走滑断层的花状构造（李刚，2004；李文勇，2007），在南黄海盆地内识别出北东向的右行走滑断层及其派生出的近东西向的雁列状正断层。

通过黄海盆地的断裂平面组合及盆地内部次级的隆坳格局（图 3–5）可以发现，黄海盆地的北北东向和北东向均具有走滑性质，这些断层组合表现为右行右阶，因此，在走滑断裂之间派生出了一系列雁列状的正断层，并控制了次一级北东东向和近东西向凹陷和凸起的分布。为此，用走滑拉分模式可以很好地解释黄海盆地现今的构造格局（图 3–6）。

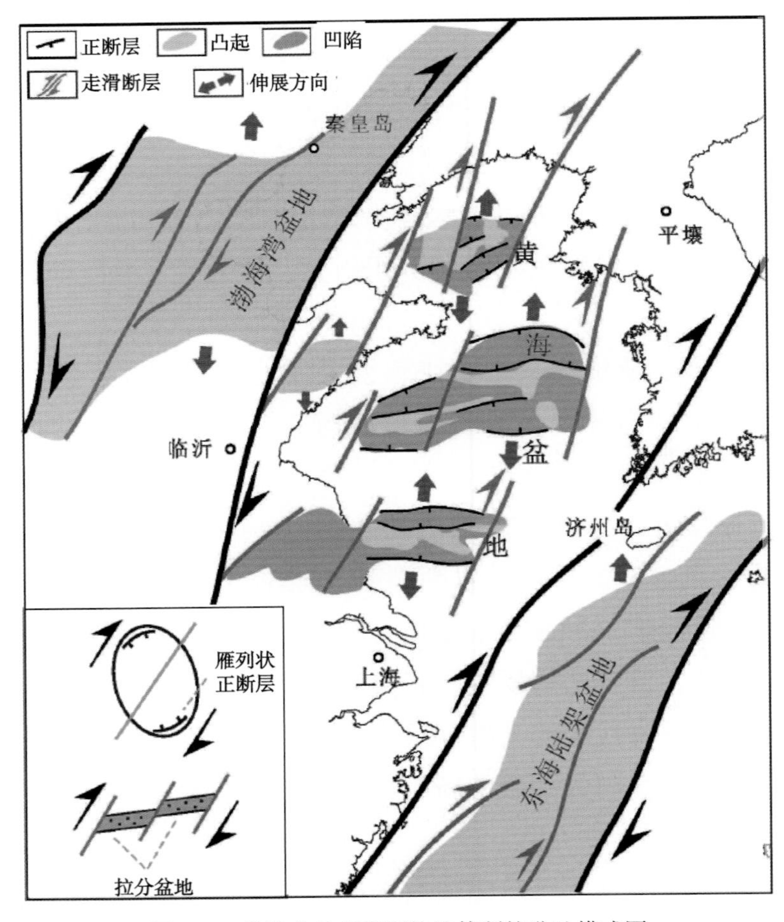

图 3–5　黄海盆地新华夏构造体制控盆地模式图

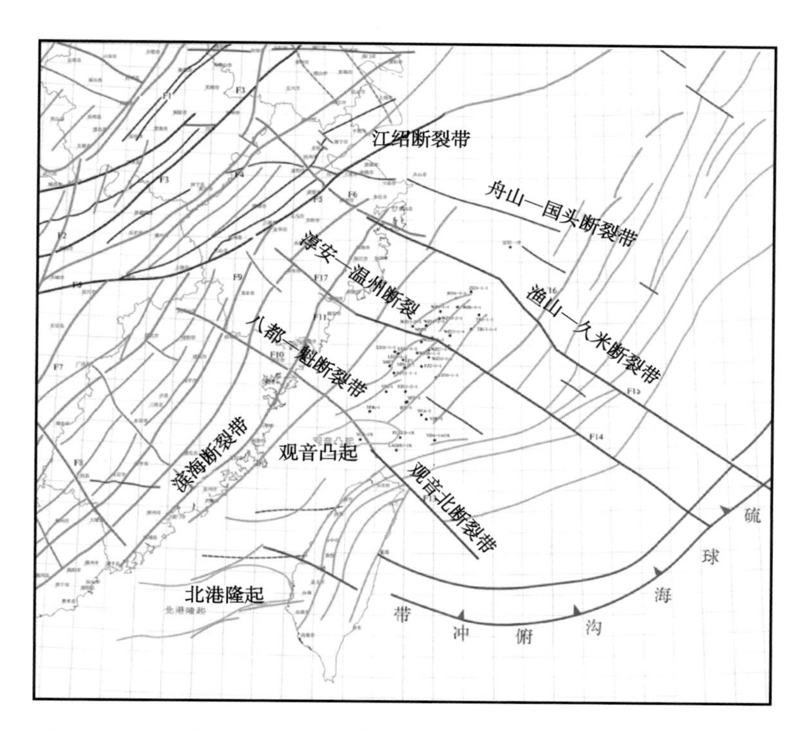

图 3-6 东海盆地及其周边构造体系复合图（据中国地质大学，2018）

晚侏罗世—早白垩世期间，太平洋板块向欧亚大陆的俯冲在中国东部形成了大规模的北北东向具有走滑性质的区域性断裂系统。郯庐断裂也自晚侏罗世（约 150Ma）开始从左行走滑转变为右行走滑（Zhu G，2005；Zhu G，2010；Zhao T，2016），其与黄海盆地内的其他北北东向的右行走滑断裂共同组成了右行右阶的样式，从而形成了北东东—近东西向展布的拉分凹陷，这种机制也是黄海新生代盆地构造格局的主要成因。前人研究认为北黄海盆地在晚侏罗世—早白垩世—新生代均为右行转换拉张盆地（王后金，2014），南黄海北部坳陷晚白垩世—始新世为郯庐断裂的右行走滑导致的伸展（Shinn Y J，2010），也进一步证明了这种新华夏北北东走滑动力机制的叠加于早期北东向构造体系，控制着中国东部盆地的形成和发展。

三、东海盆地

东海海域中生代发育了三类、三个级别的构造体系（图 3-7）。其中，纬向系构造体系决定了“大东海”的构造—沉积分区，是首要因素。

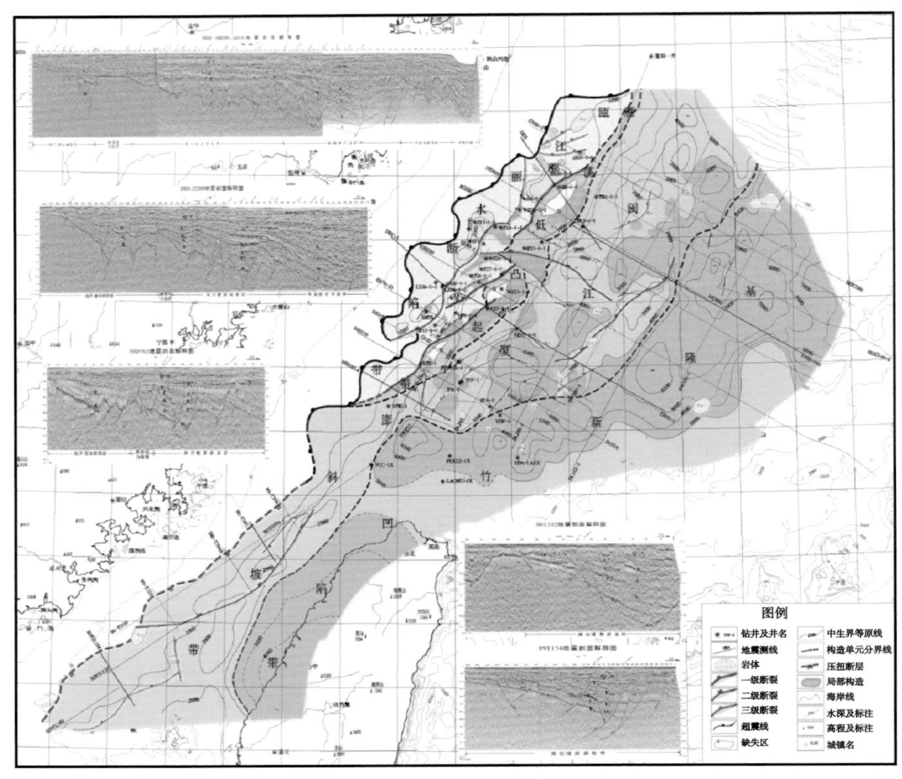

图 3–7　东海盆地构造体系控制盆地形成

（一）纬向构造体系

决定盆地构造分区，纬向构造体系是首要因素。北港隆起、观音凸起将“大东海”海域中生界划分为三个区域，即南海东北海域（Ⅰ区）、台湾海峡区域（Ⅱ区）、东海（Ⅲ区），三个区域在中生代构造体系（主要是断裂体系）的组成、样式和展布方面各有特色，在中生代层序展布特征方面也有很大差异。

Ⅰ区，也即南海东北部，发育两条地壳缝合带性质的深大断裂带，即珠外—台湾海峡断裂带和斜贯海陆的丽水—海丰—琼东南断裂带，它们的形成演化与华南加里东构造旋回密切相关，并对加里东期后南海北部与华南大陆之间的构造格局及中生界、新生界的发育特征起着重要控制作用。其中侏罗系和白垩系的厚度分布稳定，不具有断控和裂谷充填特点，其中生代断裂体系展布尚不清楚，但应该不很发育。

Ⅱ区的断裂展布特征明显不同于Ⅲ区，呈稀疏的弧形展布。此外，侏罗系和白垩系的展布明显不同于观音凸起，在Ⅱ区急剧加厚，且掀斜作用导致的变形、不整合等构造特征突出。

（二）新华夏构造体系

新华夏构造体系是东海盆地中新生代断陷盆地形成和演化的主导因素，控制其中生代沉积以及展布方向总体为北北东向。同时产生的北北东向断裂系统。其晚期又产生了与北北东向断裂体系相配套的北西向断裂系统，且将北北东向展布的中新生代地层切成块状。东海南北向分块的要素为第三级次的构造要素。

（三）华夏构造体系

在控制作用不明显的东海海域的构造区域和层序展布，是第二级次的要素（图 3–7）。

（四）东海海域中生界的展布

东海海域中生界的展布，主要是在新华夏构造体系控制下形成的。根据构造层地震反射特征结合层序地层学分析，东海陆架盆地主要由新生界、中生界构造层组成。其中，东西方向上，中生界具有西薄东厚的特点，发育若干厚度陡变带和部分呈北北东—南南西向展布的盆内凸起区；在南北方向上，具有若干北西向的盆内凸起予以分隔（图 3–8）。

中生界构造层在东海盆地南部几乎都有分布，由两个亚构造层组成，即上三叠统—中侏罗统亚构造层和白垩系亚构造层。闽江—厦澎斜坡带和基隆—新竹凹陷带由上三叠统—中侏罗统亚构造层、白垩系亚构造层组成，瓯江—丽水断陷带主要由上白垩统组成（图 3–9）。

新生界构造层在全区均有分布，可以分为两个亚构造层，即古新统—始新统断陷亚构造层和新近系—第四系坳陷亚构造层。古新统—始新统亚构造层主要发育于瓯江—丽水断陷带和闽江—厦澎斜坡带，新近系—第四系亚构造层在全区分布。

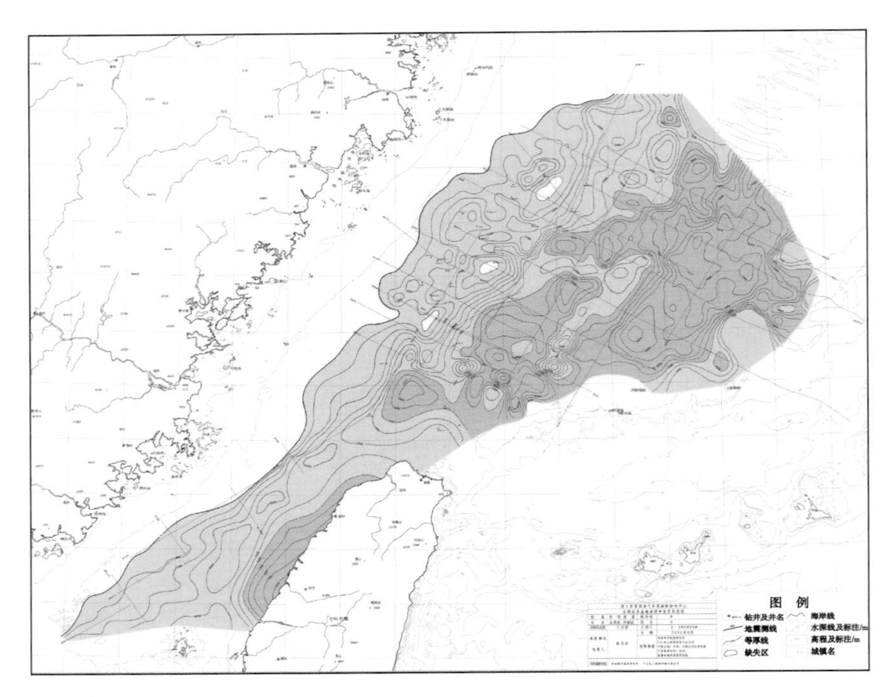

图 3-8　东海盆地中生界厚度分布图（据青岛海洋地质所，2012）

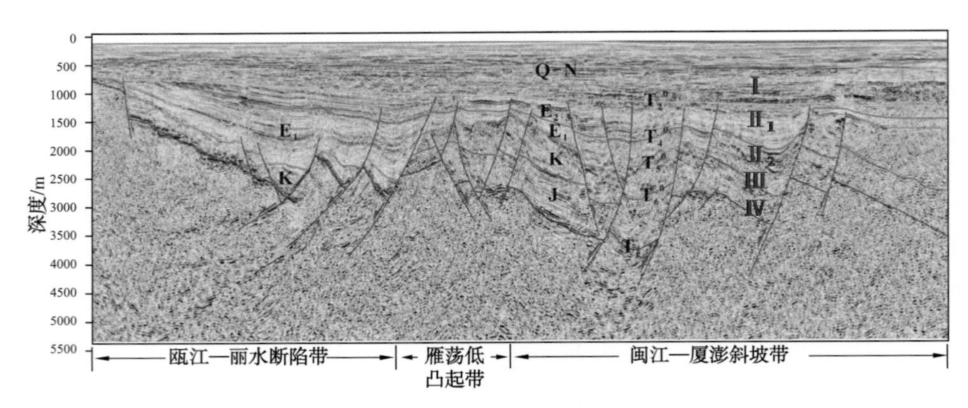

图 3-9　东海陆架盆地构造层划分

图 3-10 为 10D150-D152 剖面，位于盆地中，在 T_3-J_2 东部整体表现为一东倾凹陷，地层分布较为完整，在瓯江丽水断陷带由两个白垩系小断陷组成，缺失侏罗系，西部边界以断层方式接触。

剖面 G380 位于盆地中北部，中生界展布很有特色。在东海陆架盆地中部和西部，呈现 3~5 个小型的不对称地堑或滚动半地堑，充填了白垩系。基隆凹陷受控于西湖—基隆断裂和台北东部断裂，为地堑结构，充填了厚度急剧增大的白垩系（图 3-11）。

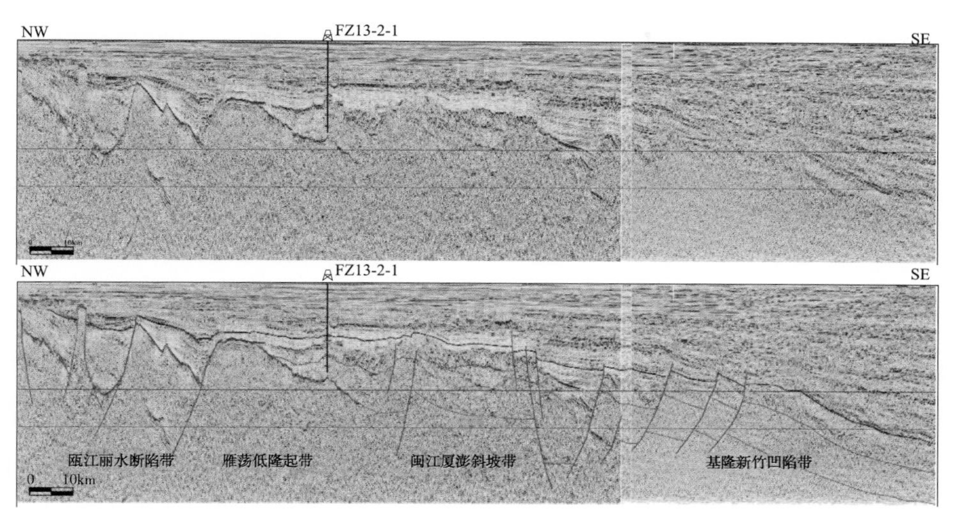

图 3-10　10D150–D152 测线东海盆地构造层划分

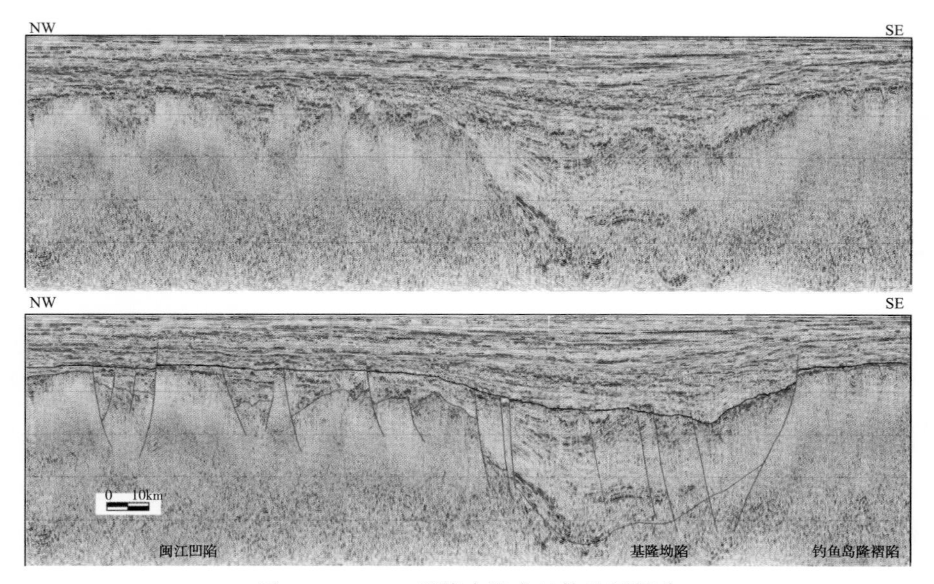

图 3-11　G380 测线东海盆地构造层划分

图 3-12 为 DD1–D200 测线地震剖面，该剖面位于陆架盆地中南部。中生界沉积巨厚，分布很有特点。侏罗纪地层超覆于雁荡凸起东侧，并且其中生界西部边界为剥蚀接触。白垩系与侏罗系相比，其沉积范围急剧扩大，在西部的瓯江凹陷沉积了半地堑样式的白垩系，但面貌比较复杂。

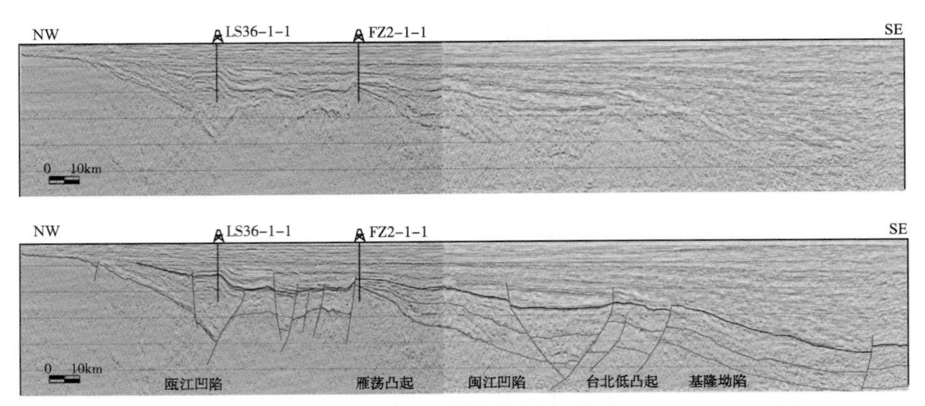

图 3-12 DD1-D200 测线东海盆地构造层划分

综上，东海盆地中瓯江凹陷处缺失侏罗系，其西部边界为断层或剥蚀接触，相比较而言，东部凹陷带地层较完整，常为东倾的正断层，故此结合大地构造背景推断，陆架盆地构造体系断裂形成时期主要为燕山期及喜山期，并且燕山期断裂是研究区内主控断陷断裂，喜山期断裂除部分为燕山期继承性断裂外，大部分为新的活动断裂，对研究区内中生代沉积构造格局不起控制作用。

四、南海盆地

（一）南海地块存在的依据

南海地块是一个很有特色的独立地块。四周被深大断裂限制，呈菱形。北以西沙海槽北缘断裂接华南地块及华夏地块，西以红河断裂—越东断裂与印支—巽他板块分开，东以马尼拉海沟与菲律宾岛弧带分开，南为南沙海槽大断裂带。西北莺歌海盆地—珠江口盆地，西从印度地块东界开始，东以马尼拉海沟与菲律宾岛分开，南至婆罗洲南界，中央由深海洋壳组成。

（1）南海地块是基底，由前寒武系变质岩组成。在西沙群岛永兴岛礁上钻探的西永 1 井，在井深 1251m 遇花岗片麻岩、石英片岩、片麻花岗岩，其同位素年龄为 627Ma，属前寒武系地层无疑。另外，北部湾盆地及珠江口盆地基底为古生界变质岩，比周围地块基底年轻几亿年。如北部华夏地块基底由前震旦系变质岩组成，西部印度地块、菲律宾地块由前震旦系变质岩组成。东部菲律宾地块基底由古生界变质岩组成。

（2）南海地块地壳厚度较薄，为 15~30km，比四周地块地壳厚度薄，如北部华夏地块地壳厚度为 45~50km，西部印度地块地壳厚度为 50~56 km，东部菲律宾地块地壳厚度为 45~50km。

（3）中生界—古生界沉积残缺不全，且厚度较薄。

（4）本区新生界发育齐全，分布广泛，且以海相及海陆交互相为主。

（5）新生代是世界上构造活动最强烈的地区之一。全区共有四次构造运动，即礼乐运动、西卫运动、南海运动及南沙运动。南海北部珠江口盆地新生代发生五次构造运动，即古新世开始的神孤运动（一幕、二幕）、始新世早期的珠琼运动、渐新世中期的南海运动、中新世早期的白云运动和中新世晚期的东沙运动。

（6）岩浆活动频繁（侵入岩及火山岩），也是全球岩浆活动最强烈的地区之一。初步研究新生代有 3~4 次活动。

（7）通过研究计算南海地块是全球少见的高热流区，即地热高温区，经研究热流平均值为 75.9MW/m^2，比中国大陆平均热流值 65.2 MW/m^2 高得多，也是全球少有的高热流区之一。

（二）构造体系类型

1. 纬向构造体系

南海北部东西向沉降带形成，进而造就了一系列中新生代断陷盆地的形成及演化，如莺歌海盆地、北部湾盆地、琼东南盆地及珠江口盆地。

2. 华夏构造体系

该体系控制的张扭断裂使其发育多个北东向分布的中新生代断陷盆地，如中建盆地、安渡盆地、西沙南盆地、郑和盆地、礼乐盆地、巴拉望盆地、文莱—沙坝盆地及南沙海槽等。

3. 新华夏构造体系

中新生代以来发育的北北东向构造体系，代表性构造成分有马尼拉海槽及菲律宾群岛，它控制了马尼拉海槽的形成及菲律宾群岛的出现和演化。

4. 反 S 形构造体系

从西北向东南为完整的反 S 形构造体系，它由大型断裂带、隆起带及沉降带组成，如控制了新生代的莺歌海盆地、万安盆地、曾母盆地、婆罗洲等断陷盆地的生成和演化。

（三）盆地演化

南海海域主要有15个盆地，这些盆地主要在新生代形成，下文重点论述这些盆地的形成演化特征。新生代以来在南海海域新华夏构造体系及反S形构造体系的联合控制下，在其周边地区形成了多个断陷盆地，这些断陷盆地普遍经历了两大发展演化阶段：一是古近纪伸展拉张阶段，形成大量断陷，构成了断陷盆地初期阶段；二是新近纪沉降坳陷阶段，这种下断上坳、下陆上海的两个主要构造沉积层形成演化的构造运动幕（期）及构成的第三纪地层层序等均可对比，但不同海区边缘海盆地存在一定的差异，正是由于这种差异性，最终决定了不同类型边缘海盆地的基本石油地质条件及油气富集程度。

1. 古近纪断陷阶段

南海北部各盆地古近纪处在伸展拉张演化阶段，结果导致了大量断陷的形成。基本的地质特点是常常被一条基底正断层控制沉积充填物，且该正断层为断陷的边界断层，故一般在其下降盘基底正断层附近断陷沉降最深、沉积充填沉积物最厚，而在远离该边界断层方向的另一侧，则由于基底逐渐抬升而沉积变薄，并最终在缓坡上尖灭。在垂直走向剖面上，断陷多呈不等边的箕状特点，沉积充填物厚度一般为3~8km。据龚再升等（1997）的研究，南海北部大陆边缘盆地古近纪伸展断陷阶段发生的构造运动可分为三幕（期）。

1）早期断陷幕

白垩纪末—古近纪初期，在南海北部盆地发生了神狐运动，在南海南部则发生了礼乐运动。此次运动之后，南海地区在前古近系褶皱、剥蚀隆起的基础上，发生了第一幕伸展断陷活动，形成了众多北北东—北东走向的断陷盆地。主要充填了较厚的古新统河湖相、山麓冲积相和河湖沼泽相沉积，北部湾盆地古新统长流组和珠江口盆地古新统神狐组杂色及紫红色粗碎屑岩沉积即为其典型实例。

2）中期断陷幕

早始新世或古新世末期，在南海北部发生珠琼运动第一幕，其重要特点及方式是在区域抬升遭受剥蚀的基础上，发生了第二幕伸展拉张断陷作用。该阶段属伸展断陷发展的鼎盛时期，断陷规模大，断陷深且沉降沉积速度快，主要沉积充填了大套中深湖相或河湖相沉积，是南海北部盆地主要烃源岩的形成发育期。如北部湾盆地主要烃源岩（始新统流沙港组中深湖相烃源岩）、琼东南盆地重要烃源岩（始新统湖相烃源岩）及珠江口盆地主要烃源岩（始新统文昌组中深湖相烃源岩）均是该阶段所形成。

3）晚期断陷幕

始新世末期—渐新世中晚期，区域性构造运动导致再次抬升并遭受剥蚀，在南海北部发生了珠琼运动第二幕，在南海南部则发生了西卫运动。该阶段构造运动幕最主要特点是，由于属于断陷发育的晚期，其伸展张裂作用明显小于第二幕，且部分断陷已开始向坳陷过渡转化，故亦可称为断拗转换过渡阶段。该阶段沉积充填物主要为河流相、河湖沼泽相及滨海平原沼泽相或浅海相沉积，形成了一套河湖沼泽相、滨海沼泽相及浅海相的煤系烃源岩，北部湾盆地渐新统涠洲组河流沼泽相煤系烃源岩、琼东南盆地下渐新统崖城组滨海沼泽相煤系烃源岩及珠江口盆地下渐新统恩平组河湖沼泽相煤系烃源岩即为其典型实例。

2. 新近纪坳陷阶段

新近纪为沉降坳陷阶段，该时期构造演化特征具有两个显著的地质特点：一是由古近纪断陷不整合接触，自东向西逐渐变新；二是新近纪坳陷阶段经历了三幕主要的构造演化过程。

1）不整合形成时间具有东早西晚的特点

南海东北部珠江口盆地珠一坳陷的陆丰、惠州、西江、恩平凹陷及珠二坳陷诸凹陷，不整合形成于早渐新世末，即在早渐新世末与晚渐新世初之间，称之为南海运动；而相邻的珠江口盆地西部珠三坳陷文昌 A 凹陷、文昌 B 凹陷以及西北部莺歌海盆地和琼东南盆地诸凹陷及北部湾盆地诸凹陷，其不整面则均产生在晚渐新世末。

2）坳陷阶段经历了三幕构造活动

第一幕：渐新世—中中新世，这是南海北部盆地非常重要的海相沉积坳陷时期。其特点是海底扩张，洋壳增生，沉降沉积中心由近陆缘区向远陆缘区的中央洋盆迁移，且伴有重要构造地质事件。在南海地区由于印度地块向北东挤压，南海被左行拉开，其南北拉开距离约600km（李通艺，1998），并发生海底扩张及洋壳增生（32~15Ma），该时期扩张中心轴走向由东西逐渐转向北东。在该沉降阶段，南海西北部莺歌海盆地、西沙海槽以及南海北部大陆架南缘等地区形成了高热流场及高热区带，尤其是莺歌海盆地中央带及西沙海槽地区地温场高、热流值大，大大促进了烃源岩有机质热演化生烃作用。同时，在南海北部大陆边缘还形成了莺歌海盆地中部莺歌海坳陷、琼东南盆地中部及南部坳陷、珠江口盆地珠二坳陷及台西南盆地南部坳陷等大型坳陷，其沉积充填规模巨大，沉积厚度高达4~10km。此时南海北部陆缘区珠江口大型三角洲体系亦在该阶段逐渐形成，

第二幕：中中新世末期—晚中新世，该阶段是南海北部盆地构造运动再次活跃的时期，其影响极其广泛。此时大陆架由北向南推进，在大陆坡区形成推进式沉积层序。莺歌海盆地所处的红河断裂在晚中新世末期（大约5.2 Ma）则由早期左行走滑转为右行走滑，并产生走滑伸展，形成规模巨大的中央隆起背斜构造带。中中新世末期—晚中新世，南海北部有两次抬升，并受左行挤压，在珠江口盆地形成一系列北西西走向的背斜或背斜带。在莺歌海盆地，中中新统梅山组顶部则形成了较大的区域性不整合。

第三幕：上新世—第四纪，为新构造运动阶段。在南海北部盆地表现较强烈，南海西北部莺歌海盆地继续受右行走滑伸展影响，产生了轴部垂直断裂系和平面上近南北向的五排雁行式断裂系。同时，在该区中深层（大于2800m）及浅层地层系统（小于2800m）中分别形成深部高温超压气藏和浅层常温常压气藏。新构造运动阶段有上新世—第四纪火山活动。

3）南海西—南部盆地演化（图3-13）

（1）西部盆地演化。整体呈现具有“早湖晚海”的特点。始新世—早渐新世沉积时期，西部盆地群以湖相沉积为主。晚渐新世沉积时期，海水从东北方向沿中沙海槽、从东南方向沿西南海盆侵入盆地群内，除中建南盆地西部仍发育湖相沉积外，西部盆地大部分处于海相沉积环境，且受西部隆起物源供给，万安盆地西部发育大规模三角洲。中中新世沉积时期，西部盆地群完全处于海相沉积环境中，三角洲持续在万安盆地西部发育。同时，受越东断裂走滑活动

影响，发生区域性构造抬升形成高地，伴随海侵碳酸盐。

（2）南部盆地演化。始新世沉积时期，主体处于深水环境中，发育半深海—深海相沉积，局部残留早期湖泊相沉积。渐新世沉积时期，由于曾母地块与婆罗洲地块碰撞，三角洲开始大规模在曾母盆地西部和南部发育；文莱—沙巴盆地则继承了早期深水环境，但由于婆罗洲隆升，物源供给增多，盆内发育海底扇。中新世沉积时期，除文莱—沙巴盆地局部发育深水沉积外，南南部盆地群总体处于滨浅海沉积环境中，该时期由于古南海持续俯冲，除曾母盆地外，文莱—沙巴盆地也开始发育大规模三角洲，且持续向海进积推进。上新世—第四纪沉积时期，随着沉降速率加快，南部盆地群发育三角洲—滨浅海—半深海沉积体系。

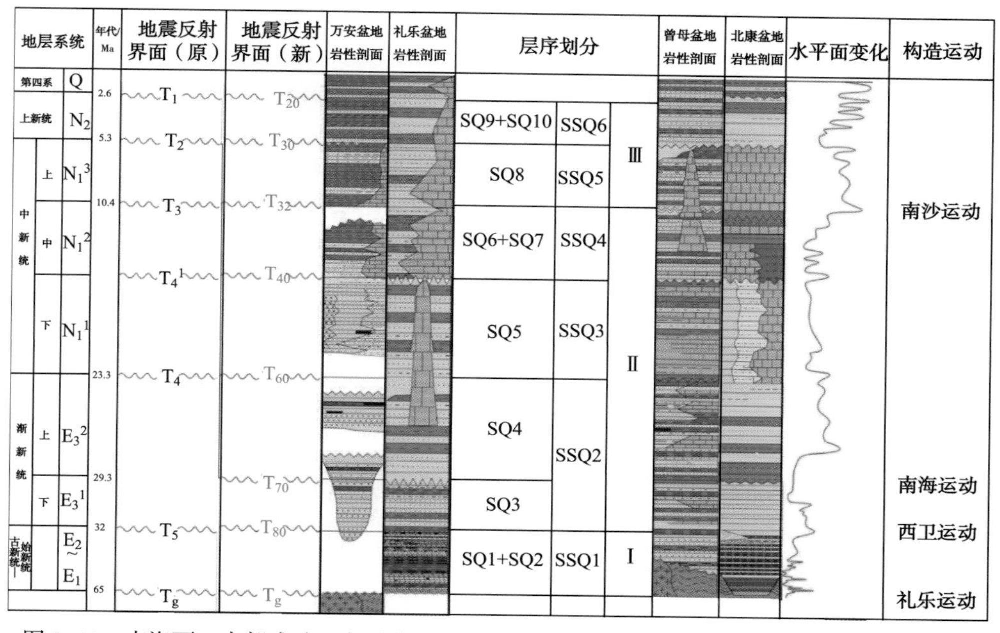

图 3-13 南海西—南部成矿区主要盆地新生代地层系统及地层层序特征（据张厚和，2017）

（3）中部盆地演化。中部盆地位于南海西—南部海域中部（南沙海域）。根据其构造演化特点（以礼乐盆地为例），主要分为三个阶段（图 3-14），即新生代盆地主要经历了断陷期（始新世—早渐新世）、断拗期（晚渐新世—中中新世）、拗陷期（晚中新世—现今）三个主要重要的构造演化阶段。其中，断拗期盆地位于该区北部，断裂对沉积控制不甚明显，沉积地层相对较薄；坳陷期扩展停止，断裂不发育，进入区域沉降坳陷阶段。

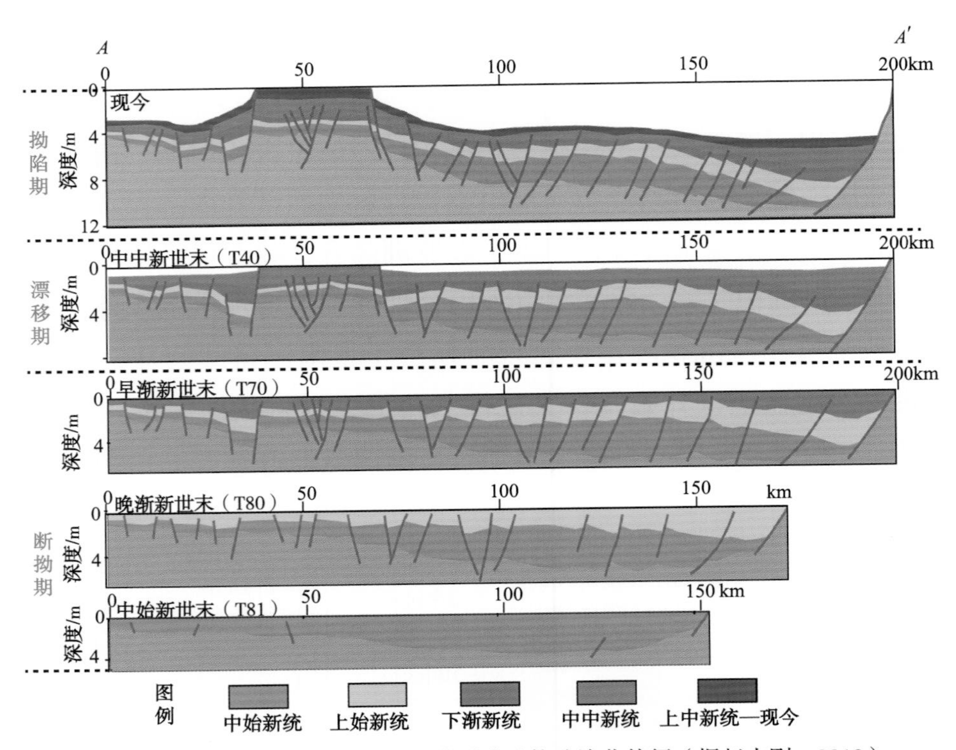

图 3-14　南部成矿区中部盆地群礼乐盆地构造演化特征（据赵志刚，2018）

第四章
油气地质特征

一、烃源岩

（一）渤海盆地

在华夏构造体系的控制下，烃源岩主要发育于古近系，为湖相烃源岩。古近纪经历了多期拉张和裂陷，发育多套半深湖—深湖相烃源岩。由于渤海湾盆地具有由陆向海迁移的发育规律，造成陆上始新统沙河街组烃源岩发育，海域不仅始新统沙河街组烃源岩发育，下渐新统东三段烃源岩也相对发育。另外，渤海油区位于渤海湾盆地中心，烃源岩较周边区更发育。烃源岩发育的层系多、凹陷多，是渤海烃源岩的重要特征之一。

渤海海域已证实的烃源岩有沙四段、沙三段、沙一段和东三段 4 套烃源岩，现将这 4 套烃源岩特征分述如下。

1. 沙四段

深灰色、褐灰色泥岩及钙质泥岩，总有机碳平均含量为 1.36%，最高达 5%；生烃潜量平均为 7.16mg/g，最高达 44.56mg/g；氯仿沥青“A”平均含量为 0.2275%，最高达 0.7041%；总烃含量平均为 1646mg/L，最高达 4112mg/L（表 4–1）。沙四段烃源岩有机质丰度以莱州湾凹陷最高，可达 5%。有机质类型以Ⅱ$_1$型为主，也有Ⅰ型和Ⅲ型。烃源岩厚度可达 100~300m。

表 4-1　渤海海域不同层段烃源岩有机质丰度（平均值）统计表

层　位	总有机碳 /%	生烃潜量 /（mg/g）	氯仿沥青“A” /%	总烃 /（mg/L）
东三段	1.69	5.27	0.1993	1296
沙一段	2.83	16.02	0.4392	3148
沙三段	2.56	17.90	0.3544	2067
沙四段	1.36	7.16	0.2275	1646

2. 沙三段

半深湖—深湖相，主要为深灰色、褐灰色泥岩夹钙片泥岩和油页岩，沙三段几乎是渤海海域每个凹陷的主力烃源岩，厚度大，一般为 200~600m。沙三段烃源岩有机质丰度整体较高，总有机碳平均含量为 2.56%，生烃潜量平均为 17.90mg/g，氯仿沥青“A”平均含量为 0.3544%，总烃含量平均为 2067mg/L。如渤海海域沙南凹陷的 CFD23-1-1 井沙三段半深湖—深湖相烃源岩总有机碳含量普遍大于 3%，最高可达 6.91%。热解生烃潜量普遍大于 20mg/g，最高可达 55mg/g。有机质类型以 II_1 型为主，其次是 I 型和 II_2 型。从目前预测结果看渤海海域沙三段好—优质烃源岩分布范围很广。

渤海海域多数凹陷沙三段烃源岩在渐新世后期开始成熟，现今，沙三段烃源岩热演化程度整体较高，各重点凹陷成熟度皆达到 0.7% 以上，凹陷大部分处于生烃高峰阶段，中心区域可达到 1.3% 以上。

3. 沙一段

深灰色泥岩、灰褐色钙质页岩、泥灰岩、白云质灰岩、生物碎屑灰岩夹油页岩等。沙一段沉积期古气候为亚热带型温湿气候，普遍出现薄球藻、棒球藻等藻类，反映水浅、稳定、水流循环不畅的半咸水沉积环境，形成了渤海海域第二套区域性分布的优质湖相烃源岩。沙一段烃源岩有机质丰度高，总有机碳平均含量高达 2.83%，生烃潜量平均为 16.02mg/g，氯仿沥青“A”平均为 0.4392%，总烃平均为 3148mg/L。各地区之间有机质丰度有所差异，其中渤中地区丰度较高，以优质烃源岩为主，总有机碳含量最高可达 9%，平均含量可达 6%；莱州湾地区则明显不如前述凹陷，沙一段烃源岩总有机碳含量主要分布于 0.6%~2% 之间。有机质类型很好，以 II_1 型和 I 型为主。厚度 20~200m，分布很广，是重要的烃源岩。

4. 东三段

渤海海域的部分凹陷东三段沉积了大套半深湖—深湖相暗色泥岩（如辽

中、渤中、渤东、歧口和沙南等凹陷），泥岩总有机碳含量平均为1.69%，氯仿沥青“A”平均为0.1993%，生烃潜量平均为5.27mg/g，总烃含量平均为1296mg/L。东三段烃源岩的有机质丰度明显低于沙河街组烃源岩，各凹陷差异不大，总有机碳含量最大值均在2.5%左右，渤东和秦南地区较低，在1%左右。有机质类型以Ⅱ型为主，有少量Ⅰ型和Ⅲ型。有机质演化程度可达到1.0%。厚度不大，20~200m，一般为100~150m。

5. 侏罗系

主要分布在中下侏罗统，为黑灰色、褐灰色泥岩、炭质泥岩粉砂质泥岩夹煤层。泥岩总有机碳含量平均为1.38%，氯仿沥青“A”平均为0.12%，生烃潜量平均为3.27mg/g，总烃含量平均为1096mg/L。有机质类型以Ⅲ型为主，有少量Ⅱ型。有机质演化程度可达到1.0%~1.4%。厚度不大，120~200m。

6. 石炭系—二叠系

黑灰色、灰色泥岩、炭质泥岩、粉砂质泥岩及灰岩泥灰岩夹煤层。泥岩总有机碳含量平均为1.25%，氯仿沥青“A”平均为0.12%，生烃潜量平均为2.27mg/g，总烃含量平均为996mg/L。有机质类型以Ⅱ型及Ⅲ型为主，有少量Ⅰ型。有机质演化程度可达1.0%~1.8%。厚度不大，100~180m。

（二）黄海盆地

在新华夏构造体系、纬向构造体系及华夏构造体系的联合控制下，盆地内油气地质条件十分优越，发育多套烃源岩、多时代成油组合，成藏条件良好。烃源岩主要包括下寒武统、下志留统、石炭系—二叠系、侏罗系及白垩系等。

南黄海盆地钻井钻遇古生界烃源岩的井相对较少，早期主要通过与陆域进行类比确定。近年来，随着大陆架科学钻探CSDP-2钻孔的成功实施，对黄海海域油气基础地质，尤其是烃源岩发育状况的认识有了更切实的证据。如CSDP-2井不仅在海相中古生界钻遇厚度较大的烃源岩，而且在中生界三叠系青龙组、古生界二叠系龙潭组、栖霞组、泥盆系和志留系中获得多层不同级别的油气显示，验证了钻前地震储层预测成果，表明南黄海海相地层具有良好的油气资源前景（肖国林等，2017）。

1. 下寒武统

主要发育幕府山组的暗色泥页岩，分布面积广，总有机碳含量高，为

0.8%~3.5%，以 I 型干酪根为主，镜质体反射率为 1%~2.6%，为高成熟—过成熟阶段，厚度一般在 100~300m 之间，烟台冲断带北部厚度相对较大。

2. 下志留统高家边组

仅发育在南黄海盆地，早期发生了大规模的海侵，发育大面积的深水陆棚—盆地相，南黄海志留系分布稳定，为深灰色、黑色泥页岩，厚度一般在 100~450m 之间（图 4–1），在北部烟台冲断带局部达 500m。根据目前的陆域钻井资料显示，烃源岩总有机碳含量为 0.54%~0.5%，以 II_1 型干酪根为主。根据地层总体埋藏深度分析，南黄海盆地下志留统烃源岩镜质体反射率为 0.5%~2.0%，处于高成熟阶段。

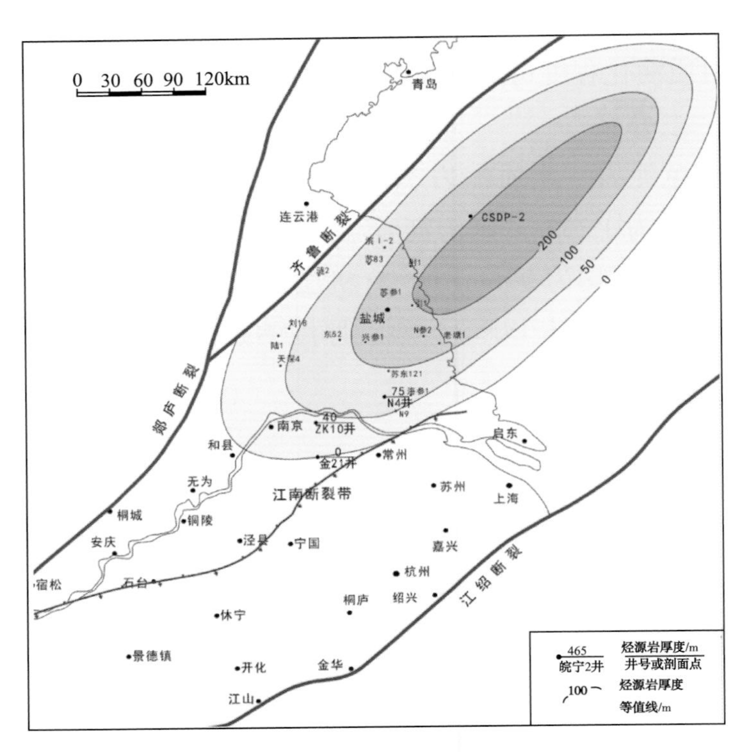

图 4–1　南黄海盆地下志留统高家边组烃源岩厚度平面分布图

海域下志留统高家边组烃源岩无钻井揭示，目前依据陆域分析结果，结合沉积相带进行推测，结果如图 4–2、图 4–3 所示。

3. 石炭系

南黄海海域多个钻孔中钻遇上古生界，井上揭露石炭系厚度为 230~280m，分布较广泛（图 4–4），钻孔岩心资料揭示了该套地层的完整信息。

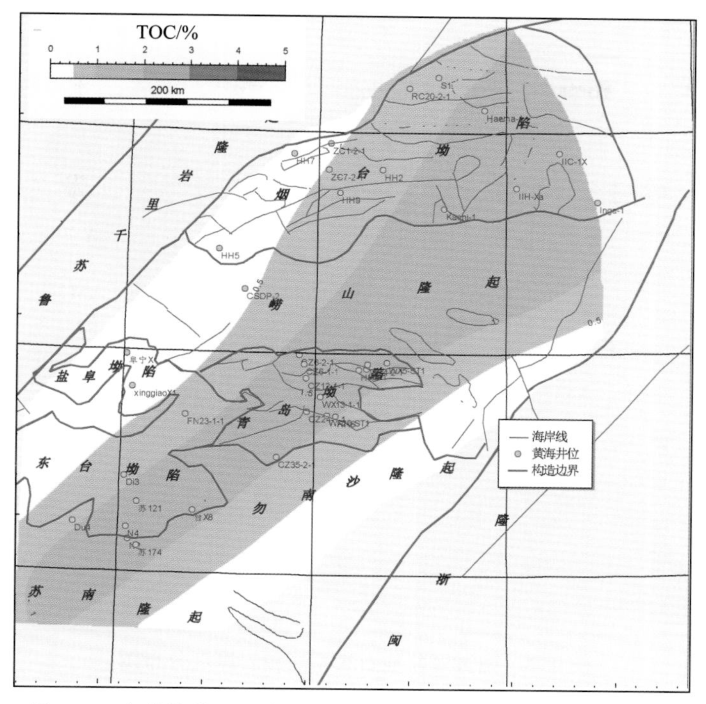

图 4-2　南黄海盆地下志留统高家边组烃源岩 TOC 平面分布图

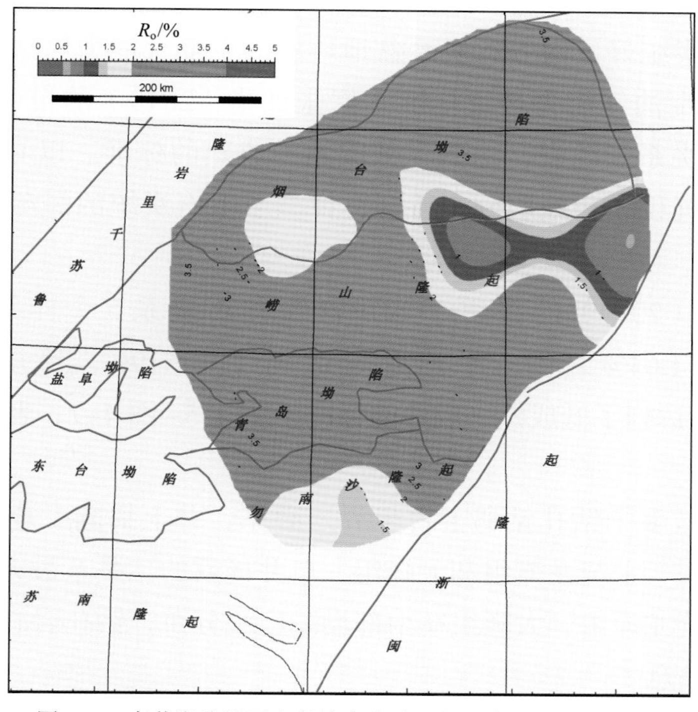

图 4-3　南黄海盆地下志留统高家边组烃源岩 R_o 平面分布图

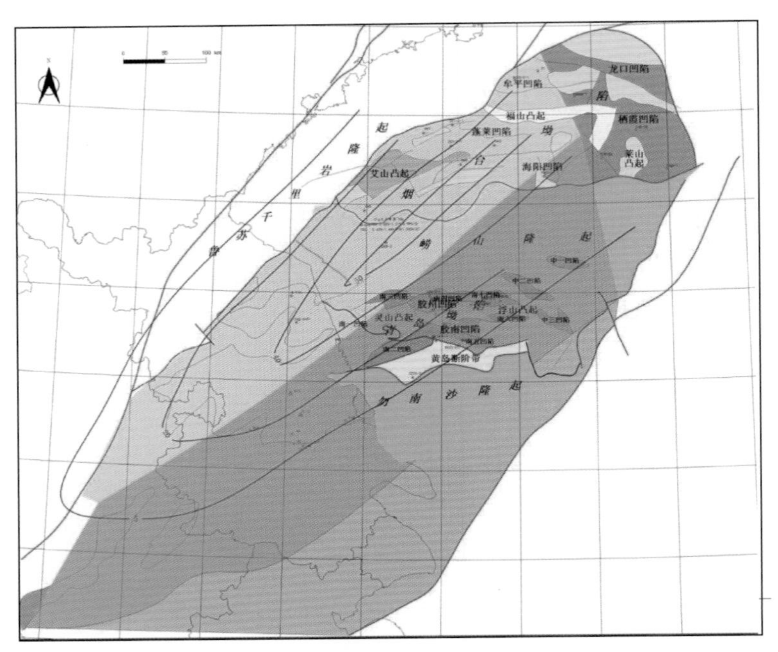

图 4-4　南黄海盆地石炭系烃源岩厚度分布图

石炭系部分地层也有一定的生油气能力，但并不是最好的。据冯增昭（1999）研究，整个扬子地台总有机碳含量为 0.1%~1.14%，下石炭统的生油气能力比上石炭统好，南方石炭系盆地环境的生油气能力已达标准，碳酸盐岩台地环境的生油气能力接近标准。据张训华（2019）的报道，CSDP-2 探井也钻遇了石炭系烃源岩，达到了低成熟—成熟的标准。以 CSDP-2 井数据为基础，结合沉积相和地层分布特征，推测了下石炭统的烃源岩厚度平面分布图。

据张训华（2019）的报道，CSDP-2 探井石炭系 5 个样品总有机碳含量介于 0.16%~1.64% 之间，平均含量达到了 0.7519%，镜质体反射率为 0.65%~1.21%，达到了低成熟—成熟的标准（图 4-5~ 图 4-7、表 4-1）。

4. 二叠系

南黄海海域多个钻孔钻遇上古生界二叠系，井上揭露二叠系从下而上可分为下统栖霞组、上统龙潭组和大隆组，单井揭露的二叠系最大厚度为 651m。其中二叠系上统龙潭组、大隆组在南部坳陷广泛分布，钻孔岩心资料揭示了该套地层的完整信息。

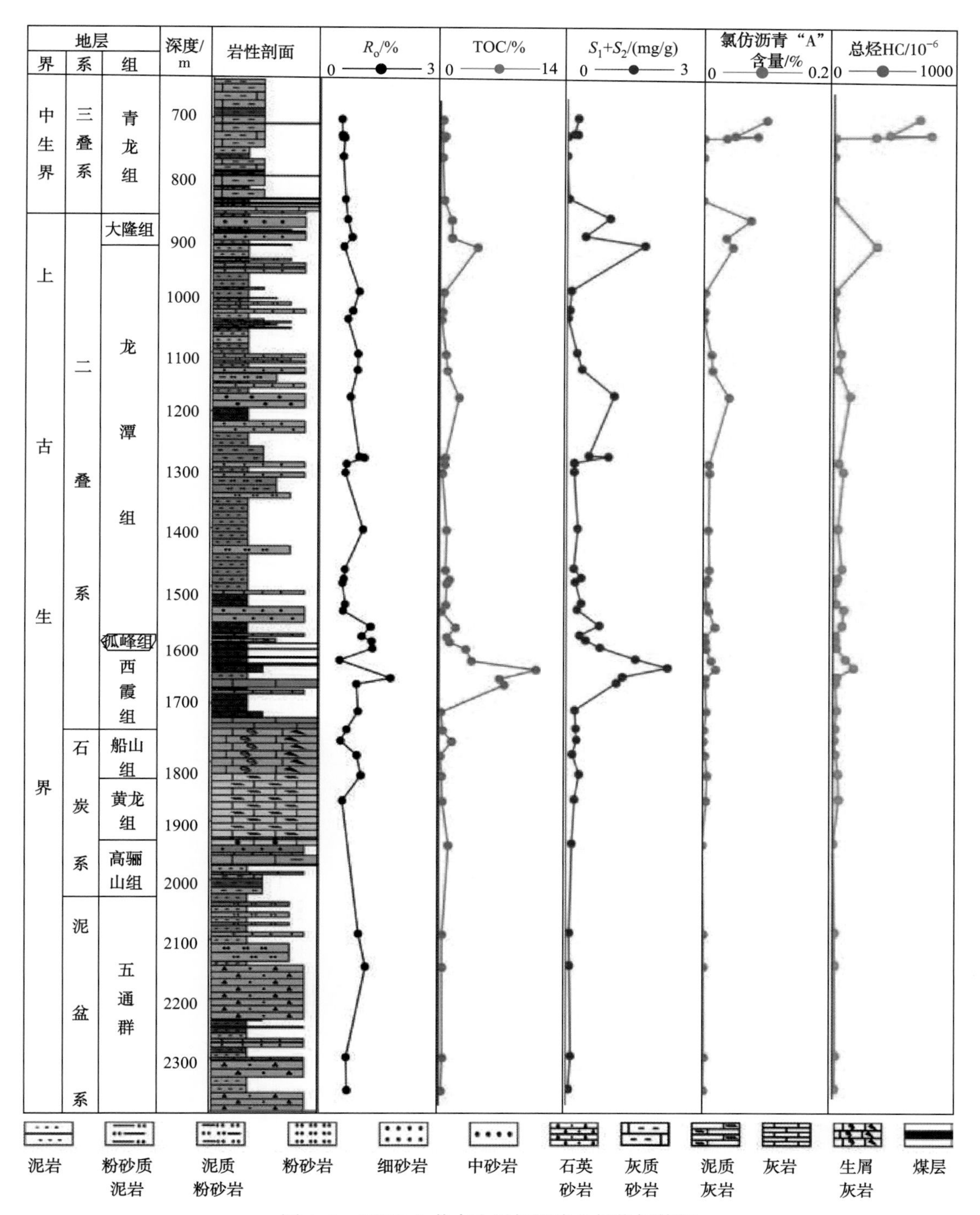

图 4-5 CSDP-2 井古生界烃源岩生烃指标特征

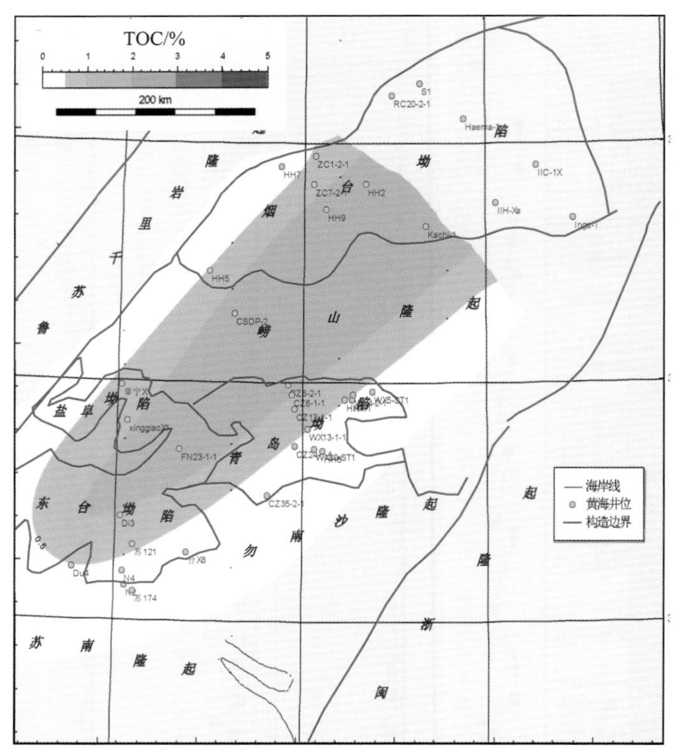

图 4-6　南黄海盆地石炭系烃源岩推测 TOC 平面分布图

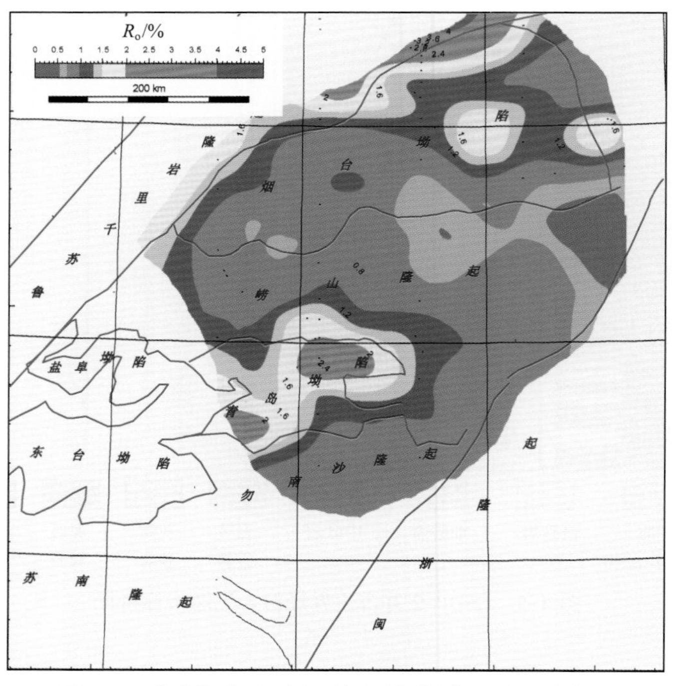

图 4-7　南黄海盆地石炭系烃源岩推测 R_o 平面分布图

表 4-1 CSDP-2 井烃源岩评价简表（张训华，2019）

地层	TOC 含量 /%	“A” 含量 /%	R_0/%	评 价
	范围值 平均值（样品数）	范围值 平均值（样品数）	范围值 平均值（样品数）	
青龙组	0.2541~0.645 0.3944（7）	0.0009~0.1164 0.04631（7）	0.64~0.72 0.00686（8）	低成熟好烃源岩
大隆组	0.1763~0.5583 0.3589	0.0015~0048 0.003533（3）	0.7~1.14 0.00936（3）	总体差、局部中等的成熟烃源岩
龙潭组	0.2312~12.41 2.5619（20）	0.0022~0.0489 0.01383（20）	0.62~2.02 0.01036%（20）	属低成熟—成熟、总体中等—好、局部非常好、部分较差的烃源岩
栖霞组	0.2231~0.4853 0.3542（2）	0.004~0.0086 0.0063（2）	0.82~1.13 0.00975（2）	成熟的中等—好烃源岩
石炭系	0.1602~1.64 0.7519（5）	0.0015~0.103 0.00578（5）	0.65~1.21 0.00915（4）	低成熟—成熟的很好烃源岩
泥盆系	4.426~10.59 7.508（2）	0.1146~0.2794 0.197（2）	0.77~1.51 0.0114（2）	成熟的很好的烃源岩

南黄海 CZ35-2-1 井二叠系烃源岩较好，厚度 651m。其中，栖霞组厚度 266m，TOC1.1%，有机质类型Ⅲ型，R_o2.45%，过成熟，为较好气源岩；龙潭组厚度 270m，TOC1.7%，有机质类型Ⅲ型，R_o2.2%，过成熟，为好气源岩；大隆组厚度 115m，TOC2.1%，有机质类型Ⅲ型，R_o 1.6%，高成熟，为好气源岩。

1）下二叠统栖霞组

南黄海海域多个钻孔中钻遇上古生界二叠系，井上揭露二叠系从下而上可分为下统栖霞组、上统龙潭组和大隆组，单井所揭露的二叠系最大厚度为 651m。其中二叠系上统龙潭组、大隆组在南部坳陷广泛分布，钻孔岩心资料揭示了该套地层的完整信息。

南黄海 CZ35-2-1 井二叠系烃源岩较好，厚度 651m。其中，栖霞组厚度 266m，TOC1.1%，有机质类型Ⅲ型，R_o2.45%，过成熟，为较好气源岩；龙潭组厚度 270m，TOC1.7%，有机质类型Ⅲ型，R_o2.2%，过成熟，为好气源岩；大隆组厚度 115m，TOC2.1%，有机质类型Ⅲ型，R_o1.6%，高成熟，为好气源岩。

下扬子陆区烃源岩分布看，暗色泥岩有机碳普遍大于 1.0%，高者可大于

3.0%，黄海盆地总有机碳大于 2.0% 的地区分布于盐城—海安南部之间，呈北东向展布，从南黄海延伸至青岛断褶带 CZ35-2-1 井以北地区。南黄海有 3 口井钻遇下二叠统栖霞组，其中，CZ35-2-1 井在 2471~2728m 钻遇栖霞组，厚度约 266m，岩性为深灰色泥岩。

CSDP-2 井位于南黄海崂山隆起西部，在 1651.78~1727.28m 钻遇栖霞组地层，厚约 75.5m，岩性主要为黑色泥岩和黑色灰岩互层，目前尚无分析数据，仅从颜色和岩性来看，是一套较好的烃源岩。

WX5-ST1 井钻遇二叠系 440m（未穿），其中，龙潭组以粉细砂岩为主，上部见深灰色薄层泥岩和多层煤；大隆组为灰黄色砂泥岩。从岩性及颜色来推测，南黄海地区二叠系盆地完整发育过程如下：下二叠统栖霞组为开阔台地潮下低能环境（图 4-8），水动力较弱，至二叠纪中晚期开始海退，海平面下降；龙潭组以海陆交替的三角洲和海湾沼泽沉积环境为主，水体动荡，含氧充分，不利于有机质的堆积和保存；二叠纪末开始进入了新一轮的海侵时期，形成大隆组的缺氧—少氧沉积环境。

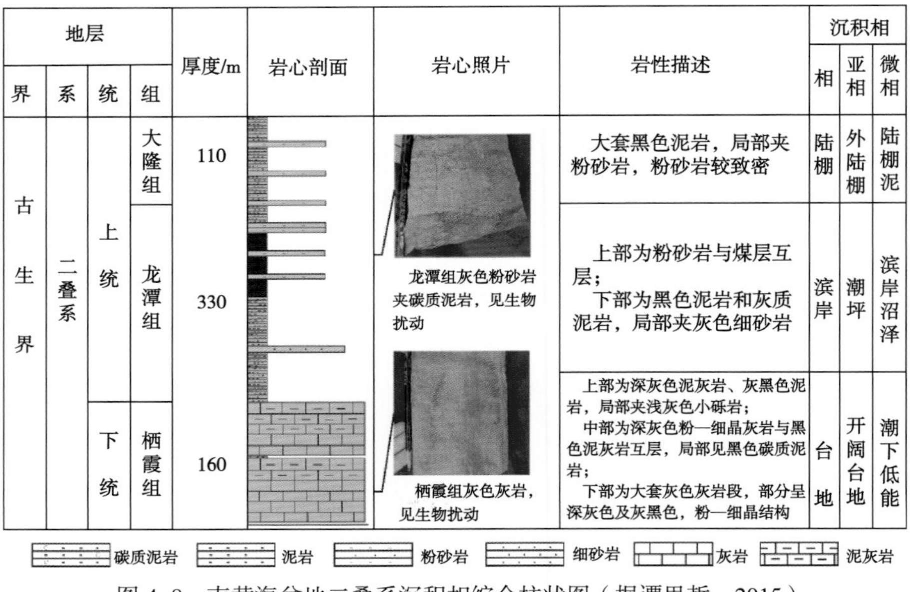

地层				厚度/m	岩心剖面	岩心照片	岩性描述	沉积相		
界	系	统	组					相	亚相	微相
古生界	二叠系	上统	大隆组	110			大套黑色泥岩，局部夹粉砂岩，粉砂岩较致密	陆棚	外陆棚	陆棚泥
			龙潭组	330		龙潭组灰色粉砂岩夹碳质泥岩，见生物扰动	上部为粉砂岩与煤层互层； 下部为黑色泥岩和灰质泥岩，局部夹灰色细砂岩	滨岸	潮坪	滨岸沼泽
		下统	栖霞组	160		栖霞组灰色灰岩，见生物扰动	上部为深灰色泥灰岩、灰黑色泥岩，局部夹浅灰色小砾岩； 中部为深灰色粉—细晶灰岩与黑色泥灰岩互层，局部见黑色碳质泥岩； 下部为大套灰色灰岩段，部分呈深灰色及灰黑色，粉—细晶结构	台地	开阔台地	潮下低能

碳质泥岩　泥岩　粉砂岩　细砂岩　灰岩　泥灰岩

图 4-8　南黄海盆地二叠系沉积相综合柱状图（据谭思哲，2015）

南黄海盆地有 3 口井钻遇下二叠统栖霞组。有机地化指标测试结果显示（图 4-9~ 图 4-11、表 4-2），14 块样品的总有机碳含量在 0.45%~1.52% 之间，平均 1.1%；干酪根类型主要为Ⅱ ~ Ⅲ型，镜质体反射率在 2.3%~2.6% 之间，平均 2.45%；生烃潜量在 0.34~1.3mg/g 之间，平均 0.84mg/g；氯仿沥青“A”含量平均为 0.09%；热解氢指数范围在 37.5~152.38mg/g_{TOC} 之间，平均 69.16mg/g_{TOC}。烃源岩综合评价为过成熟较好—好烃源岩，生烃潜力较好，有利于生气。

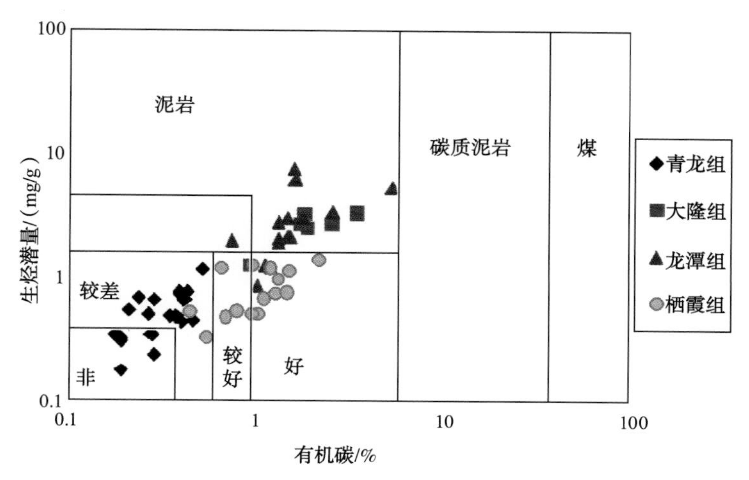

图 4-9 CZ35-2-1 井有机碳含量分布图（据傅宁等，2003）

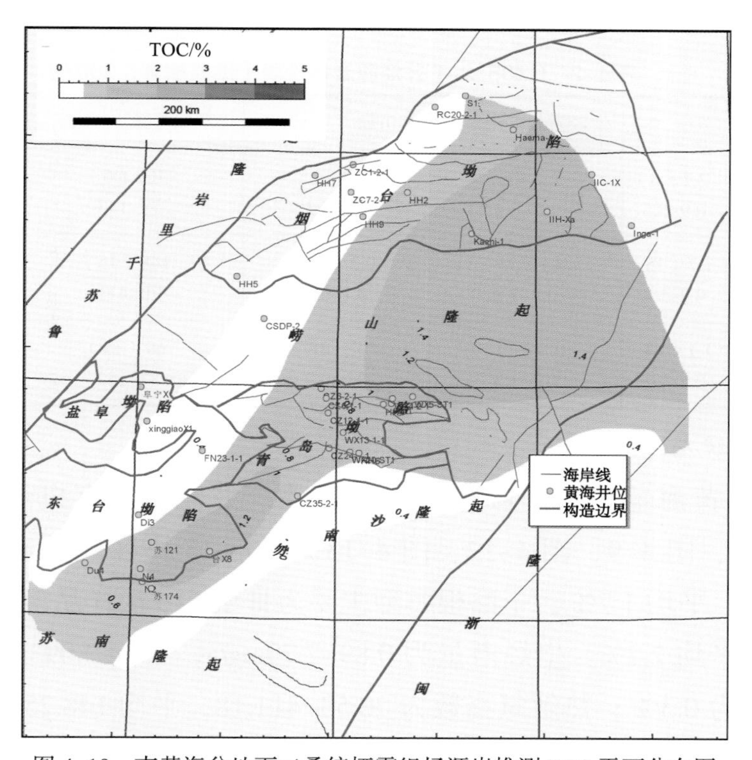

图 4-10 南黄海盆地下二叠统栖霞组烃源岩推测 TOC 平面分布图

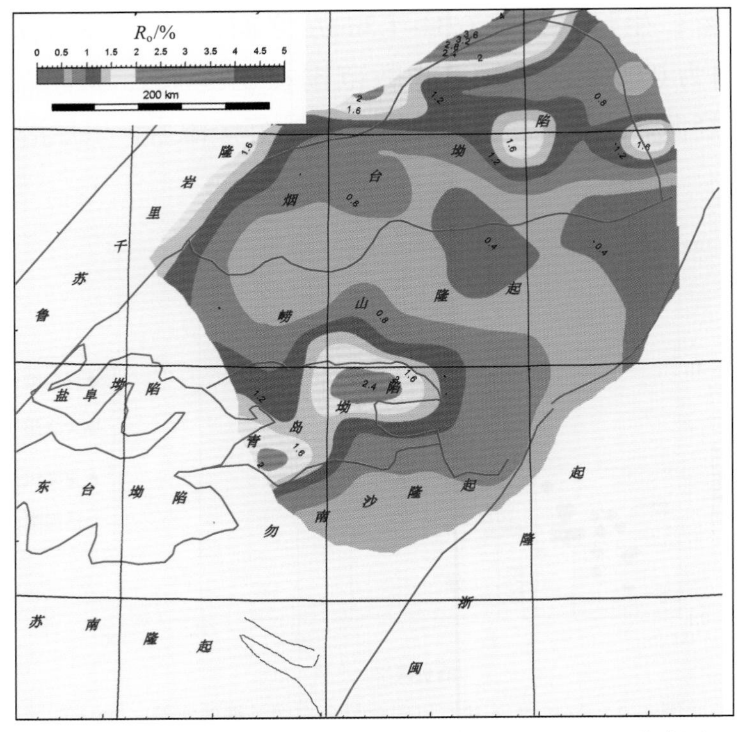

图 4-11 南黄海盆地下二叠统栖霞组烃源岩推测 R_o 平面分布图

表 4-2 CZ35-2-1 井烃源岩评价表（据熊斌辉，2007）

地层	深度 /m	TOC/%	生烃潜量 /（mg/g）	氯仿沥青“A” /%	热解氢指数 /（mg/g_{TOC}）	有机质类型	R_o/%
大隆组	2077~2192	2.1（6） 0.9~3.5	2.7（6） 1.3~3.4	0.2（6） 0.1~0.3	107（6） 78~143	Ⅱ ~ Ⅲ	1.6
龙潭组	2192~2471	1.7（15） 0.8~5.4	3.1（15） 0.9~7.8	0.3（15） 0.1~0.8	148（15） 70~411	Ⅲ	2.2
栖霞组	2471~2728	1.1（14） 0.5~1.5	0.8（14） 0.3~1.3	0.1（16） 0.0~0.2	69（14） 37~152	Ⅱ ~ Ⅲ	2.45

2）上二叠统龙潭组

目前，南黄海盆地有 3 口井钻遇上二叠统龙潭组。有机地化指标测试结果（表 4-2、图 4-9、图 4-12、图 4-13）显示 15 块样品总有机碳含量为 0.75%~5.43%，平均 1.7%；干酪根类型主要为Ⅲ型；16 块样品镜质体反射率为 1.8%~2.3%，平均 2.2%。生烃潜量为 0.89~7.79mg/g，平均 3.093mg/g；氯仿沥青“A”平均为 0.3%；热解氢指数为 70.53~411.18，平均 148.25。烃源岩综合评价为过成熟好烃源岩。

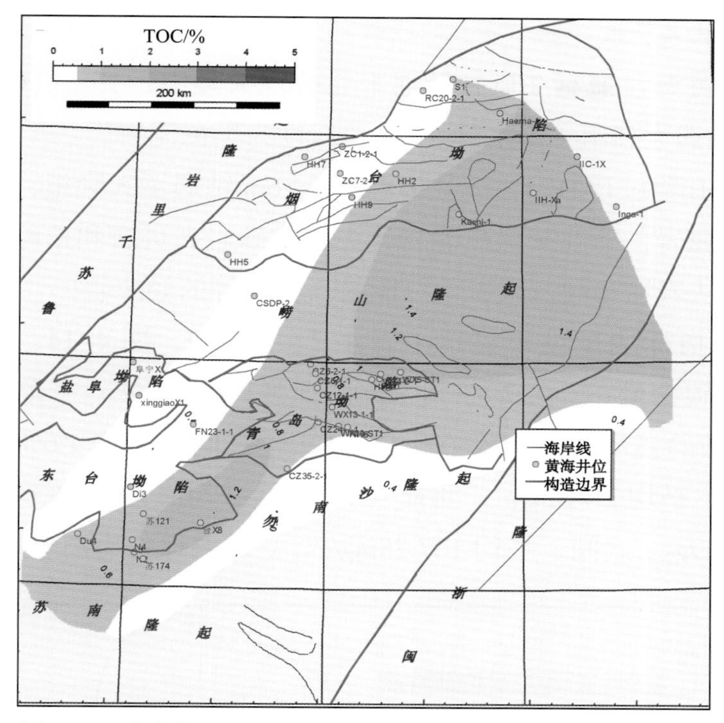

图 4–12　南黄海盆地中二叠统龙潭组烃源岩推测 TOC 平面分布图

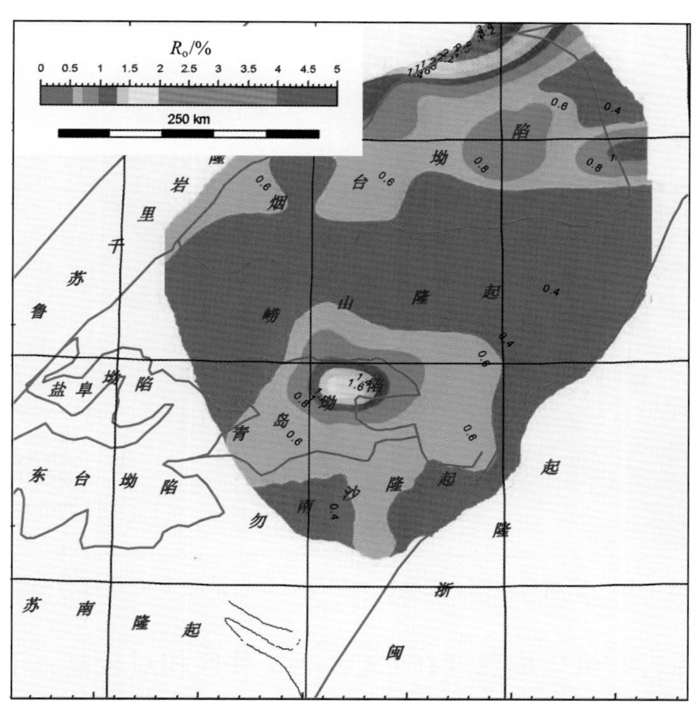

图 4–13　南黄海盆地中二叠统龙潭组烃源岩推测 R_o 平面分布图

3）上二叠统大隆组

目前，南黄海盆地有 2 口井钻遇上二叠统大隆组，其中，CZ35–2–1 井在 2077~2192m 钻遇大隆组，厚度约 115m，岩性为黑色泥岩。

南黄海崂山隆起 CSDP–2 井在 918.8~994.6m 钻遇了大隆组，厚度约 115m，上部为灰绿色泥岩，下部灰黑色泥岩，泥质粉砂岩夹页岩和角砾岩。目前尚无分析数据，仅从岩性和颜色来看，可能是一套中等的烃源岩。

有机地化指标测试结果显示（表 4–2、图 4–9、图 4–14、图 4–15）6 块样品的总有机碳含量在 0.92%~3.48% 之间，平均 2.077%；干酪根类型主要为Ⅲ型；2 块样品的镜质体反射率在 1.5%~1.9 % 之间，平均 1.6%。生烃潜量为 1.29~3.42mg/g，平均 2.71mg/g；沥青“A”含量平均值为 0.2%；热解氢指数在 78.14~142.62mg/g_{TOC} 之间，平均 107.28mg/g_{TOC}。综合评价为高成熟的好烃源岩。

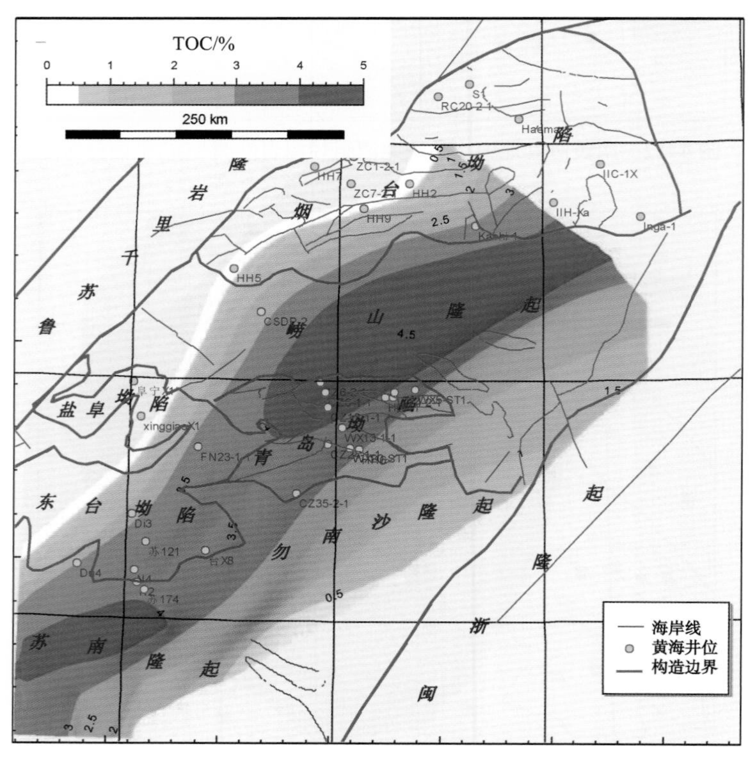

图 4–14　南黄海盆地上二叠统大隆组烃源岩推测 TOC 平面分布图

二叠系烃源岩有机质成熟度在 CZ35–2–1 井区相对较高，下扬子区二叠系烃源岩成熟度总体并不是很高。根据黄桥地区钻井烃源岩镜质体反射率和最高热解峰温值看，龙潭组泥岩 R_o 在 0.7%~1.1% 之间，T_{max} 在 428~470℃之间；大

隆组泥岩 R_o 在 0.73%~1.1% 之间，T_{max} 在 433~507℃之间；孤峰组泥岩 R_o 在 0.72%~1.12% 之间，T_{max} 在 433~475℃之间；栖霞组泥岩 R_o 为 1.18%，T_{max} 在 435~521℃之间，栖霞组灰岩 R_o 在 0.7%~1.35% 之间，T_{max} 在 434~512℃之间。

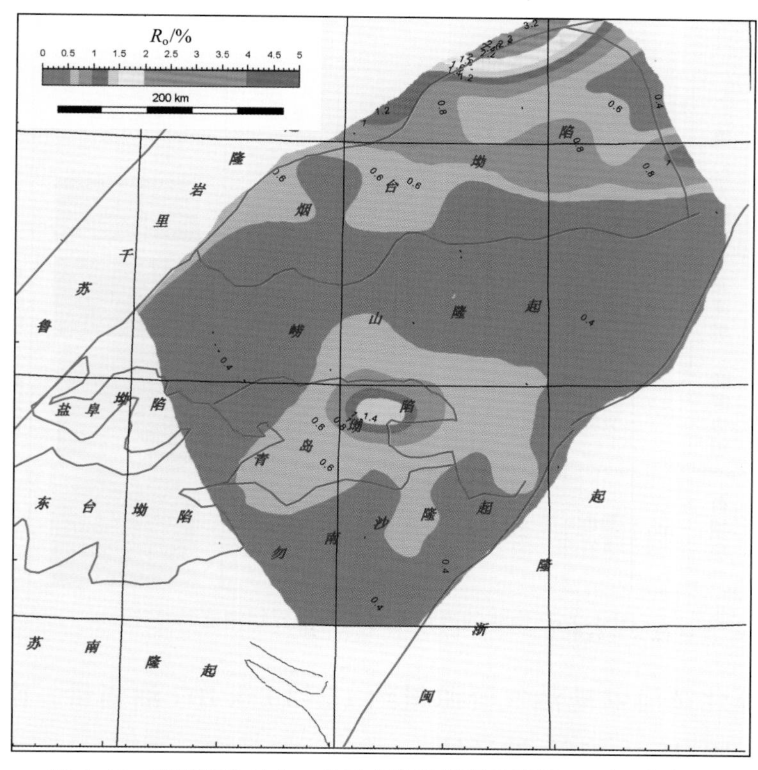

图 4–15 南黄海盆地上二叠统大隆组烃源岩推测 R_o 平面分布图

而黄桥地区北侧的曲塘生烃中心烃源岩 R_o 值最高可达 2.0% 以上的高成熟—过成熟演化程度。另外部分受到推覆逆掩或倒转褶皱向斜的下翼显示出相对较高的 R_o 值，海参 1 井上二叠统—下三叠统 R_o 值达 1.64%~2.05%，即为其上的推覆体增熟所致。由此可以推断南黄海盆地在 CZ35–2–1 井区有机质成熟度偏高的原因可能为火山岩的侵入。二叠系烃源岩总体具有较好的生烃潜力（图 4–16）。

5. 侏罗系

主要为一套暗色泥岩，粉砂质泥岩夹煤层，厚度 450~800m，TOC0.5%~3.8%，氯仿沥青“A”0.25%~0.3%，总烃含量（1200~2000）$\times 10^{-4}$，干酪根类型为Ⅱ ~ Ⅲ型，R_o0.5%~1.3%，为中等烃源岩。

6. 下白垩统

以深灰色泥岩、粉砂质泥岩为主，厚度200~300m，TOC0.5%~2.1%，氯仿沥青“A”0.21%~0.29%，总烃含量（1000~1800）$\times10^{-4}$，干酪根类型以Ⅱ型为主，R_o0.5%~1.2%。

地层系统			厚度/m	岩性	有机碳/%	干酪根类型	R_o/%	岩心照片	烃源岩综合评价
界	系/统	组							
古生界	二叠系	大隆组	115	黑色泥岩	2.1	Ⅱ~Ⅲ	0.9~1.2	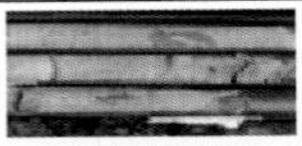	成熟的好油气源岩
		龙潭组	270	黑色泥岩	1.7	Ⅲ	1.0~2.2	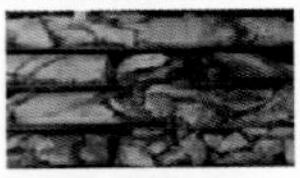	成熟—高成熟较好油气源岩
	下志留统	高家边组	100	黑色页岩	1.2~4.0	Ⅰ、$Ⅱ_1$	1.5~2.6		高成熟—过成熟较好气源岩
	下寒武统	荷塘组	100	黑色页岩	2.0~4.0	Ⅰ、$Ⅱ_1$	3.0~4.0		过成熟好气源岩

图4-16　推测的南黄海海相古生界烃源岩特征图

初步估算北黄海盆地油气资源量约（2~3）$\times10^8$t油当量，南黄海盆地油气资源量约（10~15）$\times10^8$t油当量。

（三）东海盆地

目前，东海盆地已发现的烃源岩主要在侏罗系、白垩系、古近系及新近系。

1. 侏罗系

主要为一套暗色泥岩、粉砂质泥岩夹煤层，厚度150~200m，TOC0.5%~3.8%，氯仿沥青“A”0.25%~0.3%，总烃含量（1200~2000）$\times10^{-4}$，干酪根类型为Ⅱ~Ⅲ型，R_o0.8%~1.9 %，为中等烃源岩。

2. 下白垩统

以深灰色泥岩、粉砂质泥岩为主，厚度100~200m，TOC0.5%~2.1%，氯仿沥青“A”0.21%~0.29%，总烃含量（1000~1800）$\times10^{-4}$，干酪根类型以Ⅱ型为主，R_o1.0%~1.6%。

3. 古近系

以深灰色泥岩、粉砂质泥岩为主，厚度200~400m，TOC0.5%~2.1%，氯仿沥青“A”0.21%~0.29%，干酪根类型以Ⅱ型为主，R_o0.7%~1.6%。

4. 新近系

以深灰色泥岩、粉砂质泥岩为主，夹煤层。厚度200~400m，TOC1.5%~3.1%，氯仿沥青“A”0.41%~2.29%，干酪根类型以Ⅱ型为主，R_o0.5%~1.2%。

（四）南海盆地

南海地块在纬向构造体、新华夏构造体系及反S形构造体系的联合控制下，新生界烃源岩十分发育。

1. 南海北部盆地

1）古近系

主要包括以下三种烃源岩类型。

（1）以断陷期形成的始新世深湖相泥岩、碳质泥岩及煤线、煤层等含煤岩系及煤系烃源岩。有机质丰度高，总有机碳含量最高达12%，平均为0.8%~3%、氯仿沥青“A”0.21%~0.49%，生源母质干酪根类型以Ⅱ型为主，生烃潜力最大，是该区大中型油气田的主要烃源岩。南海北部大中型油气田及油气田群的烃源供给均来自古近系中深湖相及煤系烃源岩，烃源岩厚度300~350m，且处在正常成熟演化的大量生油成烃阶段（R_o0.7%~1.2%），处于成熟—高成熟油窗成烃阶段，生烃潜力大，故主要以生成大量成熟石油为主，伴有少量原油伴生气。

（2）珠江口盆地始新统文昌组及北部湾盆地始新统流沙港组中深湖相烃源岩。这种古近纪断陷形成的湖相烃源岩均以偏腐泥混合型及偏腐泥型干酪根为主，且处在正常成熟演化的大量生油成烃阶段（R_o0.7%~1.2%），故主要以生成大量成熟石油为主，伴有少量原油伴生气（油田气/油型气）。目前南海北部大陆边缘盆地和渤海盆地的主要大中型油田群，尤其是一些亿吨级大油田所产出的大量石油及少量油型伴生气，均来自这种生烃潜力极大、成熟—高成熟的中深湖相偏腐泥混合型烃源岩（图4–17）。

（3）渐新世即裂陷晚期沉积充填的渐新统河湖沼泽相及滨海沼泽相和浅海相/浅湖相泥岩、碳质泥岩及煤线、煤层等含煤岩系，则属于边缘海盆地裂陷晚期沉积充填的一套重要的煤系烃源岩，且生烃潜力大，以生气为主。这种类型煤系烃源岩有机质丰度高，总有机碳含量最高达 12%，平均为 0.8%~3%，生源母质类型以富含陆源高等植物的偏腐殖型为主，具有高 Pr/Ph 比、高奥利烷及双杜松烷等陆源高等植物标记物特征（何家雄等，2008）。高奥利烷及异常丰富的不同类型双杜松烷系列，均表明烃源岩中陆源高等植物的树脂化合物有重要贡献，而高 Pr/Ph 比则说明成烃环境氧化性相对较强，处于弱氧化—弱还原环境即海陆过渡相环境。总之，渐新世裂陷晚期形成的煤系烃源岩，均以腐殖型干酪根为主，且有机质处在成熟—高成熟热演化气窗阶段，生气潜力大，其成烃演化模式最显著的特点是以生成大量煤型气为主，伴生少量煤系轻质油及凝析油。因此，这种类型的煤系烃源岩是南海北部盆地新生界大中型气田群和东海盆地气田群的主要烃源岩。

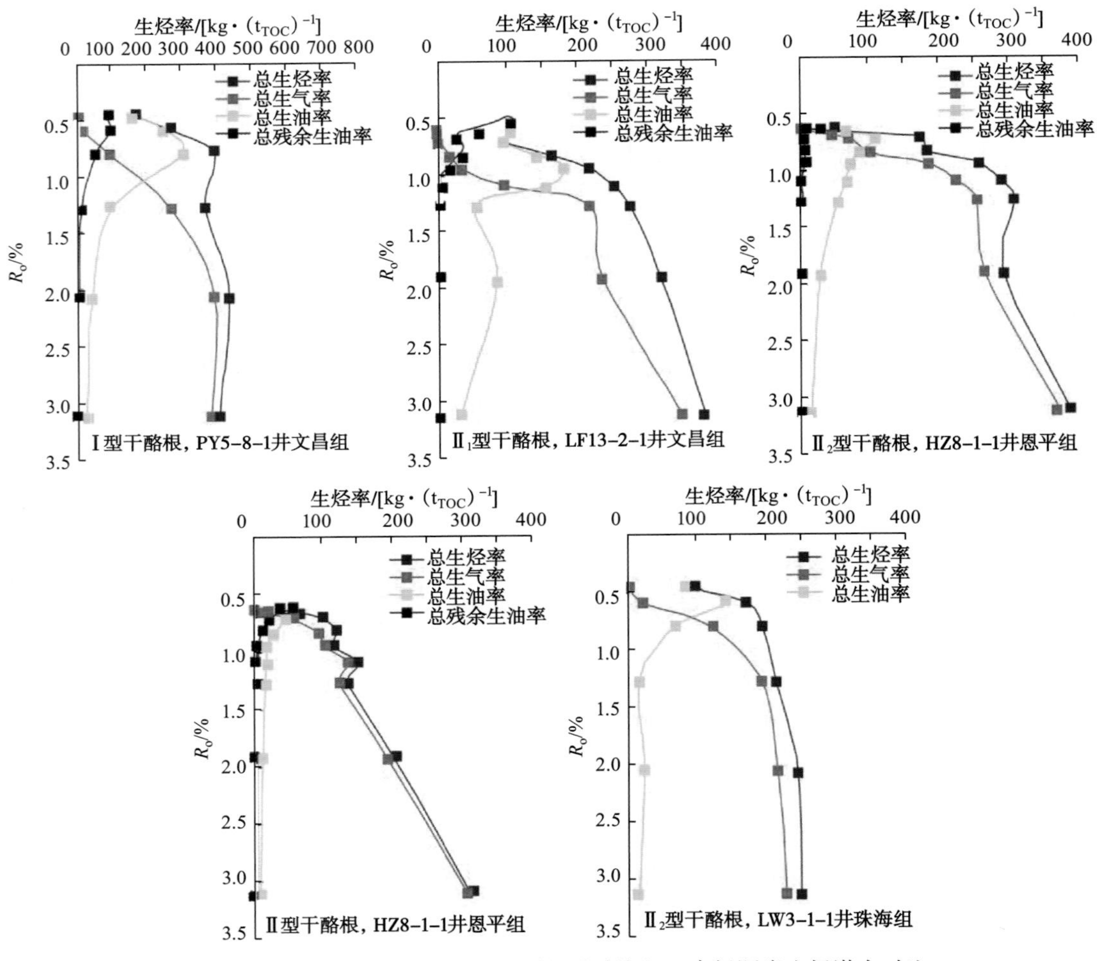

图 4-17　珠江口盆地文昌组、恩平组及珠海组三套烃源岩生烃潜力对比

2）新近系

早期为半深海相及浅海相和滨岸相泥页岩烃源岩，这种类型的烃源岩有机质丰度较低、生烃潜力差，多属海相环境形成的陆源偏腐殖型生源母质，以生气为主，即具有海相环境陆源母质的特点。故其油气生成主要来自陆源高等植物有机质，生源母质类型为偏腐殖型干酪根。壳质组组分中富含树脂体、壳屑体及孢子体等富氢组分，可溶有机质饱和烃组成中，Pr/Ph 比高达 7.6%~9.88%，表明其沉积环境氧化性强；饱和烃中倍半萜和三环双萜类较高，表明其以裸子植物松、杉等针叶林树脂为生源母质。因此，这种陆源偏腐殖型有机质均以大量生气为主，同时伴有少量煤系凝析油及轻质油，目前在南海西北部莺歌海盆地中新统及上新统底部钻遇，且在南海北部深水区琼东南盆地南部及珠江口盆地南部新近系亦证实存在这套潜在烃源岩。新近纪裂后坳陷期形成的中新统陆源海相烃源岩有机质丰度普遍偏低，其总有机碳含量平均在 0.8 % 左右，自上而下从盆地边缘斜坡向坳陷中心，有机质丰度亦有逐渐增加的趋势，但总体上这套海相腐殖型烃源岩有机质丰度及生烃潜力偏低且以生气为主。这种类型海相烃源岩（中新统梅山组及三亚组和珠江组）有机质丰度总体上较低，生源母质类型亦以偏腐殖型干酪根为主，但由于属海相环境，故有机质饱和烃分布中 Pr/Ph 比一般小于 2，大大低于渐新统崖城组及陵水组海陆过渡相的煤系烃源岩，表明中新统海相沉积环境与渐新统煤系烃源岩形成环境存在较大差异。必须强调指出的是，这种类型的海相烃源岩产气潜力较大。总之，南海北部大陆边缘盆地在裂后坳陷期沉积了中新统陆源海相烃源岩。

2. 北部湾盆地

为古近系始新统流沙港组中深湖相泥页岩，部分凹陷深部即埋藏较深的渐新统涠洲组煤系具有生烃潜力，亦可作为煤型油气的烃源岩。湖相烃源岩质量主要取决于沉积时期湖泊展布规模大小、有机质丰度、湖泊的氧化还原条件，以及沉积物沉积充填后的保存条件。始新统流沙港组中深湖相生油岩厚度大，有机质丰度高，生源母质类型好。总有机碳含量一般可达 1.36%~1.86%，氯仿沥青“A”为 0.139%~0.217%，总烃含量多在（738~1483）$\times 10^{-6}$ 之间。烃源岩生源母质类型以偏腐泥型或偏腐泥混合型为主。始新统烃源岩区域分布上，以涠西南凹陷和乌石凹陷流沙港组烃源岩展布规模、生源母质类型及生烃潜力最佳，其生油气条件最好。流沙港组烃源岩厚度达数百米至千余米，是该区生烃潜力最大的主力烃源岩。北部湾盆地新生界地温梯度较高，古近系烃源岩生烃成熟门槛一般均在2400~2700m以下，烃源岩有机质成熟演化多处在成熟—高成熟油窗阶段，伴有少量溶解气产出。

3. 莺歌海盆地

该盆地可能存在三套烃源岩，即始新统陆相、渐新统煤系和中新统海相陆源烃源岩。

1）始新统

在越南境内Song Ho露头和莺歌海盆地西北部河内凹陷已钻遇，总有机碳含量6.42%，S_2含量30~49mg/g，生烃潜力较好。在我国所辖的莺歌海盆地部分，由于上覆新近系及第四系巨厚，探井深度及地震资料探测深度有限，尚未发现这套湖相烃源岩，故其在中央坳陷区东南部莺歌海凹陷的展布规模尚不清楚。由于始新统烃源岩在莺歌海盆地中央坳陷区埋藏太深，有机质热演化可能达到了过熟裂解阶段，故其生烃潜力不详。

2）渐新统

主要为滨岸平原沼泽相煤系沉积，局部可能存在半封闭的滨浅海相沉积，有机质丰度较高，总有机碳含量0.64%~3.46%，有机质类型属偏腐殖的Ⅱ型干酪根和Ⅲ型干酪根，生烃潜力大，为好烃源岩。盆地中钻探的YC19–2–1（中方）、YC107–PA–1X、YC112–BT 1X、YC118CVX–1X、YC118–BT–lX（越南）等井均揭示了这套烃源岩。但由于该烃源岩在中央坳陷埋深普遍超过万米，有机质热演化已进入过成熟裂解阶段，目前普遍认为这套烃源岩生烃潜力有限。在埋藏较浅的盆地周缘和发生构造反转的盆地北部（越南区域），这套烃源岩可能具有较大生烃潜力。

3）中新统

主要为浅海及半深海沉积，其有机质丰度偏低，总有机碳含量0.42%~0.8%，有机质类型以Ⅲ型干酪根为主，个别为Ⅱ型干酪根，其生源物质主要来自盆地周缘区陆源高等植物，故具有海相环境陆源母质的特点，形成了该区典型的陆源海相烃源岩。目前盆地钻探揭示的这套中新统陆源海相烃源岩，虽然有机质丰度不高，但展布规模大、生烃潜力大，且这种偏腐殖型烃源岩有机质处于成熟—高成熟阶段，以生成大量天然气及伴生少量轻质油为主，故是盆地主要烃源岩。迄今为止莺歌海盆地中央泥底辟带勘探发现的浅层天然气气藏和中深层高温超压天然气气藏，其烃源供给均来自中新统这套海相陆源烃源岩。

4. 琼东南盆地

主要发育两套烃源岩，即始新统湖相烃源岩和渐新统煤系及浅海相烃源岩（何家雄等，2003、2006）。

1）始新统

古近系始新统湖相烃源岩迄今在该区尚无探井钻遇，但通过北部隆起带莺9井钻获原油地球化学分析，确证其为富含C304–甲基甾烷生物标志物的石蜡基原油，且与北部湾盆地和珠江口盆地始新统湖相烃源岩（该区大中型油田的主要烃源岩）生成的石蜡基原油具非常好的可比性，故可判识确定琼东南盆地主要生烃凹陷深部存在始新统中深湖相烃源岩，这已为地震地质解释所进一步证实。

2）渐新统

为渐新统崖城组及陵水组下部煤系及浅海相泥页岩，其生源母质类型主要为偏腐殖的煤系和海相陆源腐殖型。这种以偏腐殖Ⅲ母质为主的烃源岩，在琼东南盆地西北部崖南凹陷及周缘区油气勘探中已被多口井钻探所证实。这套烃源岩属于以下渐新统崖城组海岸平原相含煤地层为主，半封闭浅海暗色泥岩为辅的一套烃源岩系组合。其中，渐新统崖城组及陵水组滨海平原沼泽相煤层和炭质泥岩构成的煤系烃源岩，生烃母质均以陆地高等植物为主，泥岩总有机碳含量为0.47%~1.6%，氯仿沥青“A”0.0327%~0.265%，总烃含量（146~757）$\times 10^{-6}$；煤层及碳质泥岩有机质丰度高，总有机碳高达5.6%~20%以上。生源母质及干酪根类型以腐殖型及偏腐殖Ⅱ$_2$型为主，有机质成熟度处于成熟至高熟阶段，是该区非常好的气源岩。渐新统崖城组浅海相烃源岩主要为半封闭浅海相沉积，生烃母质主要来自盆地周边陆缘区的高等植物的大量输入，具海相环境陆源母质的特点，其有机质丰度比煤系烃源岩低，总有机碳含量一般为0.5%~1.3%，生源母质类型属偏腐殖型的陆源母质，有机质成熟度与煤系烃源岩一致，亦属于该区较好的气源岩。琼东南盆地新近纪中新统三亚组、梅山组和黄流组浅海及半深海相沉积，分布面积广，有机质丰度较低，有总机碳含量为0.2%~1.06%，氯仿沥青“A”0.0115%~0.0849%，总烃含量（67~759）$\times 10^{-6}$，且生烃潜力较差，加之其一般均埋藏较浅，大部分区域均处在未成熟至低成熟阶段，属于该区潜在烃源岩（何家雄等，2003），具有一定的生烃潜力。

5. **珠江口盆地**

新生界主要烃源岩为古近系始新统文昌组湖相泥页岩及下渐新统恩平组煤系，次要烃源岩及潜在烃源岩为珠海组海相泥岩，具有较好的生烃条件。此外，新近系下中新统珠江组下部海相泥岩在深水区埋藏较深的局部区域亦可具有生烃潜力。始新统文昌组湖相泥岩是珠江口盆地油田的主力烃源岩。始新统文昌组湖相烃源岩属中深湖相及浅湖相沉积，有机质丰度高，根据钻遇中深湖相大部分泥岩样品分析表明，其总有机碳含量平均2.34%，氯仿沥青“A”平均0.224%，总烃含量平均1361×10^{-6}。浅湖相泥岩样品的有机质丰度亦较高，总有机碳含量平均1.19%，氯仿沥青“A”平均0.2001%，总烃平均1056ppm。文昌组烃源岩有机质类型主要为偏腐泥型或偏腐泥混合型，以低等生物构成的生源母质为主。烃源岩有机质成熟度主要处于成熟—高成熟阶段，局部埋藏较深处可达过成熟。勘探结果表明，探井目前揭示文昌组生油岩最大厚度为593m。

6. **南海西—南部盆地**

在新生代“下陆上海”的沉积充填演化过程中，该区形成了三套主要烃源/生烃层系：一是古新统—始新统，以湖相/海相泥岩、碳质泥岩和煤层为主构成的湖相烃源岩系（礼乐盆地始新统为海相烃源岩）；二是渐新统以湖相/海相泥岩、海陆过渡相泥岩及碳质泥岩和煤层为主构成的煤系烃源岩；三是中新统海相及海陆过渡相烃源岩，以海陆过渡相和海相泥岩及碳质泥岩为主，构成了中新统海相陆源烃源岩和海陆过渡相烃源岩系。不同区域不同盆地群主要烃源岩分布层位层段（图4–18）及其沉积充填特征与沉积相类型等均有所差异，西部盆地群万安盆地、南部盆地群曾母盆地烃源岩及生烃层系为渐新统湖相及海陆过渡相煤系、下中新统海相泥页岩，生源母质类型主要为Ⅱ～Ⅲ型干酪根（图4–19），以产出大量天然气为主伴生少量凝析油及轻质油或者产出大量轻质油及天然气；东南部盆地群文莱—沙巴盆地烃源岩及生烃层系主要为中—上中新统海相烃源岩和富氢煤系烃源岩，生源母质类型为$Ⅱ_1$～Ⅲ型干酪根，主要产出大量煤型轻质油及天然气；中部盆地群礼乐和北巴拉望盆地烃源岩及生烃层系主要为始新统及渐新统海相和海陆过渡相烃源岩，生源母质类型亦属Ⅱ～Ⅲ型干酪根，即为海相环境陆源母质类型，故亦主要以产出天然气为主，伴生少量凝析油及轻质油。总之，依据主要烃源岩及生烃层系沉积相类型及分布特点，结合其地质地球化学特征，可以综合判识确定南海西—南部主要烃源岩为海陆过渡相煤系和滨浅海相及半深海相泥页岩。该区烃源岩有机质丰度一般介于 0.5%~5.0% 之间，平均为 1% 左右，属于中等有机质丰度。尽管有机质丰度不高，但烃源岩分布面积广、沉积厚度大、成熟度相对较高，故南海西—南部成矿区具有较大的生烃潜力。依据烃源岩及生烃层系有机质丰度与生烃潜量的关系图版（图 4–20）可以看出，南海西—南部主要盆地渐新统及中新统烃源岩及生烃层系的生烃潜力均可达到中等—好的烃源岩生烃标准。另外，在该区渐新统及中新统海相陆源烃源岩和海陆过渡相烃源岩中均检测到双杜松烷及、奥利烷等陆生高等植物生物标志物，且不溶有机质干酪根检测亦属于偏腐殖型生源母质类型，表明该区不论是海相 / 湖相烃源岩还是海陆过渡相烃源岩，其有机质主要均来源于陆生高等植物，即属于偏腐植型煤系烃源岩和海相陆源烃源岩类型，其生源母质均属不同沉积环境（海相 / 陆相）所形成的偏腐植型陆源母质。

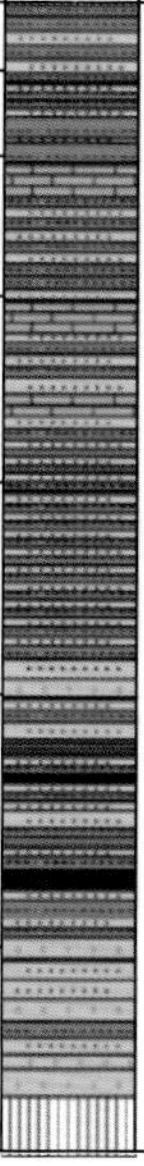

地层系统构成及地层岩性综合剖面										万安盆地				曾母盆地				文莱—沙巴盆地				礼乐盆地				北巴拉望盆地		
地层系统						年代/Ma	厚度/m	岩性剖面	地震反射界面	烃源岩厚度	TOC/%	R_o/%	干酪根类型	烃源岩厚度	TOC/%	干酪根类型	R_o/%	烃源岩厚度	TOC/%	干酪根类型	R_o/%	烃源岩厚度	TOC/%	干酪根类型	R_o/%	烃源岩厚度	TOC/%	干酪根类型
新生界	第四系				Q	2.6	200~400		T_{20}																			
	新近系	上新统			N_2	5.3	400~3000		T_{30}																			
		中新统	上	昆仑组	N_1^3	10.0	200~2000		T_{32}																			Ⅱ~Ⅲ
			中	李准组	N_1^2	16.4	350~3200		T_{41}	300	0.43	0.4~0.9		200~500	0.2~12	Ⅱ~Ⅲ		200~2000	0.23~0.87	Ⅲ	0.30~0.67	100~200					0.14~126	
			下	万安组	N_1^1	23.3	400~2800		T_{61}	300~800	0.18~21	0.6~13	Ⅱ	1000~2000	0.5~20	Ⅱ~Ⅲ	0.48~0.85											
	古近系	渐新统	上	西卫组	E_3^2	30	200~4000		T_{70}	200~900	0.46~30	0.5~20	Ⅱ~Ⅲ	200~600	0.5~60	Ⅱ~Ⅲ	0.70~1.16		0.31~1.87			100~300	0.1~3.53	Ⅱ	0.3~0.68		0.73	
			下		E_3^1	32			T_{80}				Ⅱ~Ⅲ			Ⅱ												
		始新统	上		E_2^3	38.5													0.31~1.64			50~100	0.8~3.53	Ⅲ	0.3~0.69		0.28~324	

图 4–18　南海西—南部盆地群不同盆地主要烃源岩及生烃层系有机地球化学特征（据中国海油资料）

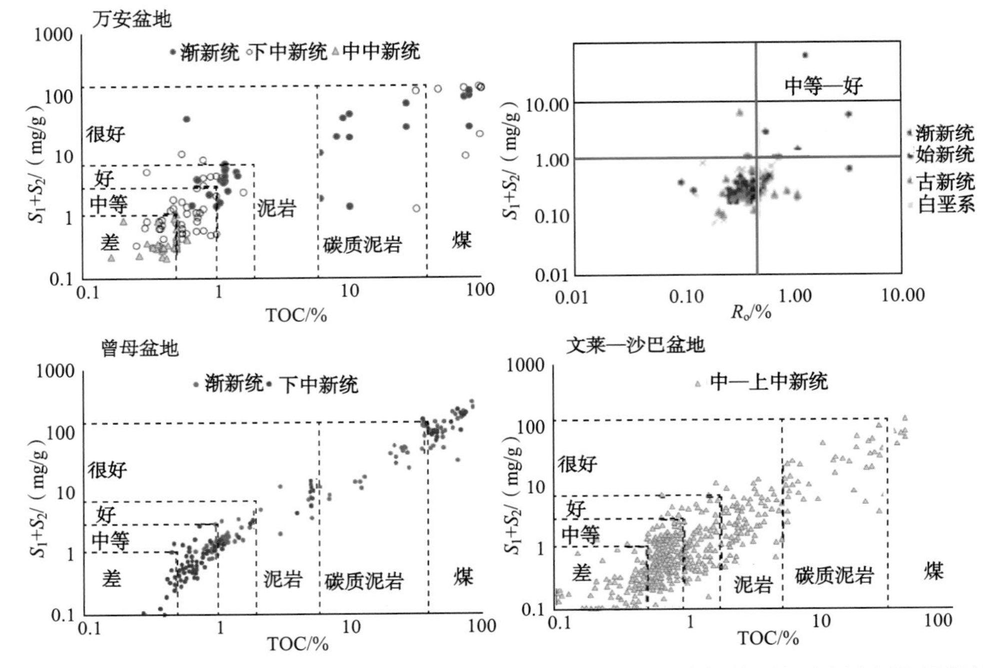

图 4-19　南海西—南部成矿区主要盆地烃源岩及生烃层系生烃潜力评价图版（据中国海油资料）

二、储集层

（一）渤海盆地

渤海海域储集层有太古界、古生界、中生界、古近系和新近系，主要岩性有花岗岩、变质岩、火山岩碎屑岩、碳酸盐岩和砂岩等。

孔隙度可达 20%~30%，渗透率可达（100~1000）$\times 10^{-3}\mu m^2$。古近系东营组有河流三角洲和水下扇砂体储集层，沙三段物性良好的砂岩和浊积砂岩、沙二段砂岩、沙一段砂岩和湖相碳酸盐岩，都是有效储集岩。此外，基岩中也发育了三套六类储集层，包括太古界变质花岗岩缝、洞类型储集层；下古生界奥陶系受岩溶活动形成的缝、洞类型灰岩储集层，寒武系晶间孔、溶孔发育的白云岩储集层；还有中生界中下侏罗统碎屑岩、白垩系—上侏罗统火山碎屑岩、侵入花岗岩三种类型的储集层，前古近系属孔隙、裂缝和溶洞共存的混合型储集层，其物性非均质性较强，在渤海海域上述三套六类储集层中，都发现了高产油气藏，是渤海海域油气勘探重要的储层类型。

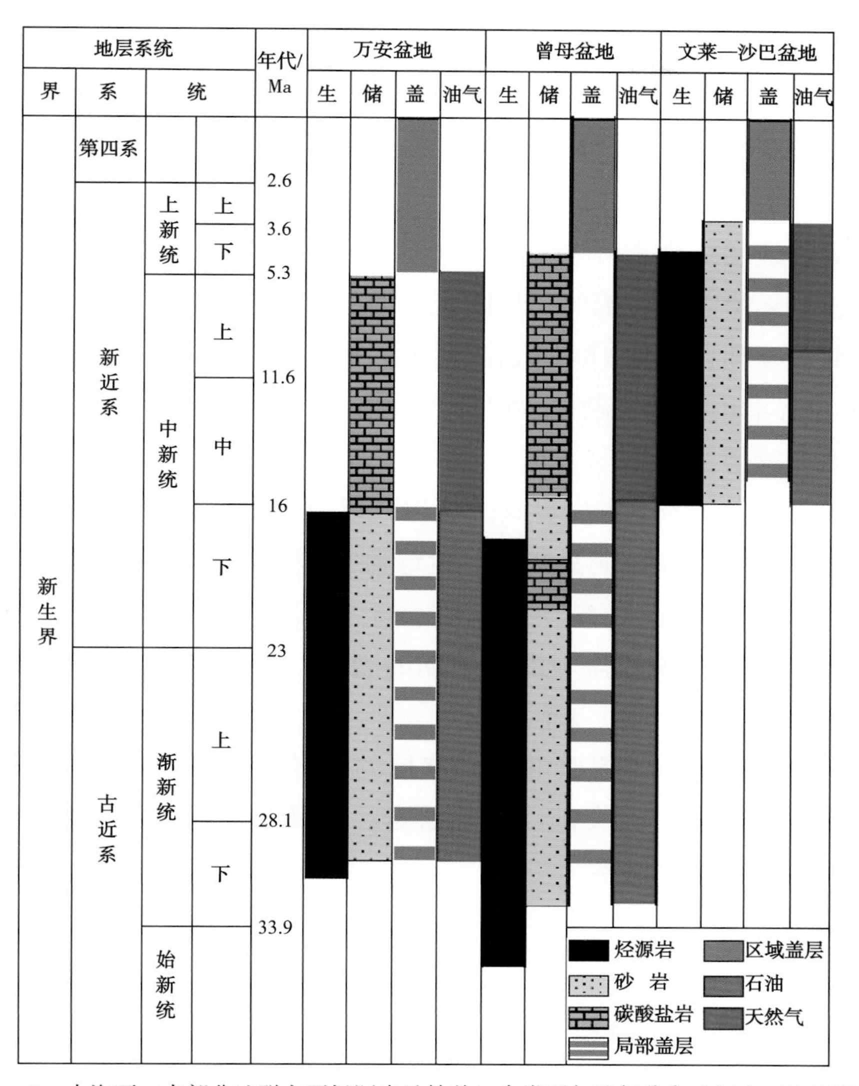

图 4-20 南海西—南部盆地群主要烃源岩及储盖组合类型与油气分布（据中国海油资料）

1. 前古近系

渤海海域前古近系发育太古界、古生界和中生界三套储层，潜山储层岩性类型多样，主要包括碳酸盐岩（灰岩、白云岩、灰质白云岩等）、火成岩（花岗岩、安山岩、玄武岩等）、变质岩（变质花岗岩等）和正常的砂岩等岩性，以孔隙、溶洞和裂缝复合型储层为主，具有较强的非均质性。渤海高产能优质潜山储层包含了三大类岩性：碳酸盐岩、变质花岗岩和中生界安山岩，其中碳酸盐岩产能最高，比例也较高，其次为元古界—太古界的变质花岗岩，再次为中生界安山岩。

1）下元古界—太古界

主要岩石类型有变质花岗岩、斜长角闪岩类、斜长片麻岩类和黑云变粒岩类，类型多样，这也增加了其储层的复杂程度。储层主要发育在风化裂缝带及裂缝带中。

勘探实践证实了太古界变质花岗岩储层的有效性，孔隙度3%~6%，渗透率（0.4~0.7）$\times 10^{-3}\mu m^2$。锦州25–1S太古界潜山已探明石油地质储量数千万吨，曹妃甸1–6和曹妃甸18–2太古界油藏和凝析气藏都已投入开发，近期渤中19–6太古界潜山天然气勘探取得重大突破。

2）古生界

古生界储层主要为下古生界碳酸盐岩，以白云岩和灰岩为主，主要包括砂屑生物屑泥晶灰岩、球粒泥晶灰岩、兰绿藻云质化泥晶灰岩、不等粒白云岩、粉晶白云岩、中—细晶白云岩、泥晶白云岩、灰质白云岩和白云质灰岩等，古生界岩性复杂多样。碳酸盐岩潜山早期的裂缝、溶孔溶洞非常发育。孔隙度3%~8%，渗透率（0.4~0.8）$\times 10^{-3}\mu m^2$。

勘探实践证实了古生界碳酸盐岩储层的有效性，渤中21–22区古生界碳潜山天然气勘探取得重大突破，碳酸盐岩，尤其是奥陶系的巨厚层灰岩，将是今后潜山的重要勘探层系。

3）中生界

中生界主要发育三种类型的储层：白垩系—上侏罗统火山碎屑岩、中—下侏罗统碎屑岩和中生界侵入花岗岩。孔隙度3%~8%，渗透率（0.4~0.8）$\times 10^{-3}\mu m^2$。

（1）白垩系—上侏罗统火山碎屑岩储层。

该类储层在渤海海域广泛分布，岩石类型主要为安山岩、凝灰岩、凝灰质角砾岩、粗面岩、玄武岩和流纹岩等。孔隙度3%~6%，渗透率（0.4~0.6）$\times 10^{-3}\mu m^2$。

目前，虽然渤海海域白垩系—上侏罗统火山碎屑岩储层仍未发现规模性油气田，但是已有多口井测试获得了较高产能，具有较大的勘探潜力。

（2）中—下侏罗统碎屑岩储层。

该套地层主要分布在渤海海域西部地区，歧口17–9、曹妃甸12–6和渤中8–4等构造钻遇了该套地层，主要岩石类型包括凝灰质砂岩、砂岩、砂砾岩、煤。储集空间类型主要包括扩大粒间孔、粒内孔、铸模孔、填隙物内孔、缩小粒间孔和裂隙等。孔隙度 10%~12%，渗透率（0.4~1.1）$\times 10^{-3}\mu m^2$。

勘探实践表明，中—下侏罗统河流相砂砾岩具有较好的含油性，QK17-9-2井钻遇中生界 572m，解释油层 130m，测试获得较高的产能，日产油 208.5m^3。

（3）中生界花岗岩储层。

花岗岩岩性主要为花岗闪长岩，少量为二长花岗岩。其中花岗岩物性较好，已有的钻井已钻遇花岗岩体厚度 139~349 m，受风化作用和构造因素的影响，花岗岩储层具有明显的垂向分带性（图 4-21），根据风化强度与储集空间类型，由表及里将风化壳依次划分为黏土带、砂砾质风化带（砂质亚带、砾质亚带）、裂缝带和基岩带（王昕等，2015）。各带储集空间类型存在明显差异：①黏土带（6~20m），高岭土含量高，黏土化严重，储集性差；②砂砾质风化带（46~167m），主要发育孔隙型储层；③裂缝带（36~185m），主要发育构造缝或节理，主要发育裂缝型储层；④基岩带：化学风化为主，水平渗流作用明显，偶见裂缝型储层。

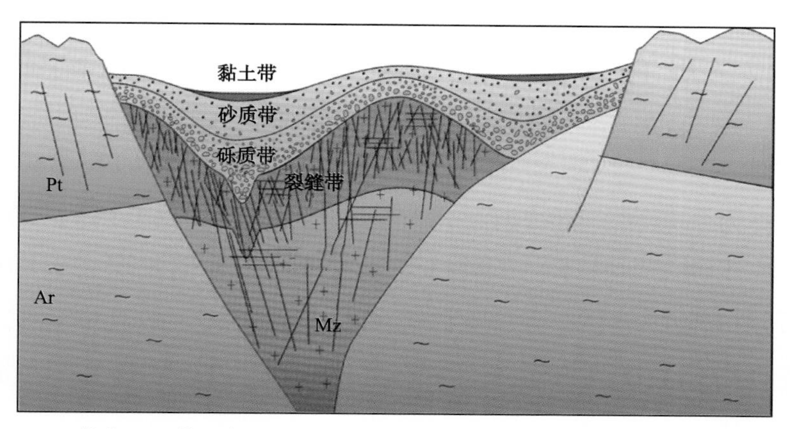

图 4-21　蓬莱 9-1 潜山中生界花岗岩储层垂向发育模式（据王昕等，2015 修改）

有效储层主要分布在花岗岩体潜山顶部约 100~200m 范围内，储层主要发育在砂砾质风化带及裂隙带中，其中砂砾质风化带储层最为发育，储集物性最好，孔隙度 8%~14%，渗透率（0.4~1.5）$\times 10^{-3}\mu m^2$。

勘探证实了该套储层的有效性，蓬莱 9-1 含油气构造于 2000 年发现，在中生界侵入花岗岩潜山中，已探明石油地质储量超过 2×10^8t。

2. 古近系

古近系沙三段至东营组均有油气层发现，渤海海域古近系中深部砂岩储层分布广泛，特别是渤海海域各凹陷的断坡带和缓坡带，从沙三段的底界埋深小于5000m、处于有效储层深度下限（5500m）之上来看，砂岩储层质量普遍较好。孔隙度10%~12%，渗透率（0.4~1.1）$\times 10^{-3}\mu m^2$。

1）沙河街组

储层主要为近源和内源沉积，在凸起边缘沙河街组储层主要为近源和内源沉积，在凸起边缘陡坡带形成扇三角洲，缓坡带则发育辫状河三角洲，砂体规模小—中等，局部发育湖底扇、砂质滩坝或钙质滩。沙一段与沙二段发育的湖相碳酸盐岩是一套高孔隙、高渗透率储层。

（1）沙三段。砂岩为主，主要有石英砂岩和长石石英砂岩。样品的孔隙度为10%~33%，渗透率大于$9.86\times 10^{-3}\mu m^2$者占81.8%，大于$98.6\times 10^{-3}\mu m^2$者占54.5%，物性较好。发现大中型油气田，渤中34–2/4、金县1–1、锦州25–1、锦州25–1S和渤中28–1等多个油田沙三段砂岩是渤海海域重要的储层。

（2）沙一段与沙二段。沙一段砂岩欠发育，沙二段砂岩较为发育，主要有石英砂岩和长石砂岩。孔隙度为12.09%~35.74%，平均24.84%；渗透率为（0.25~733.25）$\times 10^{-3}\mu m^2$，平均$62.85\times 10^{-3}\mu m^2$，属于中高孔—中高渗储层，储层物性较好。

2）东营组

储层主要为三角洲、辫状河三角洲、湖底扇及河流相砂体，局部发育扇三角洲砂体、滨浅湖滩坝砂体，是渤海海域古近系重要储集层系，渤中凹陷东北部和西南部分布较广，主要有石英砂岩和长石砂岩。一般具中孔隙度和中高渗透率，有些具高孔隙度高渗透率，如绥中36–1三角洲砂体孔隙度达32%，渗透率为$700\times 10^{-3}\mu m^2$。

（1）东三段。主要有石英砂岩和长石砂岩。中等—好砂岩储层分布于缓坡带及断坡带。砂岩孔隙度达20%~32%，渗透率为（200~700）$\times 10^{-3}\mu m^2$。

（2）东二段。发育石英长石砂岩。平均孔隙度25%，渗透率为（0.1~5102）$\times 10^{-3}\mu m^2$，平均$957.75\times 10^{-3}\mu m^2$，属于高孔—高渗储层。渤东低凸起的PL7–1–1井东二段砂岩，孔隙度为4.7%~18.5%，平均14.1%；渗透率为（0.14~27.27）$\times 10^{-3}\mu m^2$，平均$7.46\times 10^{-3}\mu m^2$，属于低孔—低渗储层，

（3）东一段。主要为石英长石砂岩。砂岩孔隙度平均25%，渗透率为（0.1~5102）$\times 10^{-3}\mu m^2$，平均$957.75\times 10^{-3}\mu m^2$，属于较好储层。目前发现油气较少。

3. 新近系

馆陶组和明化镇组是渤海海域主力含油层系，储层十分发育，渤海海域已发现的油气储量 60% 以上来自于浅层的馆陶组和明化镇组，新近系河流相砂体和三角洲砂体是渤海海域重要的储层。

1）馆陶组

主要岩性为含砾砂岩、中—细粒砂岩和粗砂岩，分为辫状河和曲流河两类砂岩储层。

馆陶组砂岩成分主要为岩屑长石砂岩、长石岩屑砂岩，渤南—渤东地区为岩屑长石石英砂岩。胶结物含量为 4.5%~24%，以高岭石为主，其次为云母、绿泥石，少量泥晶碳酸盐。高岭石充填粒间孔隙，水云母、绿泥石呈薄膜状胶结，泥晶碳酸盐不均匀地充填粒间孔隙或形成不规则条带，沿层面分布。

砂岩中重矿物总含量为 0.03%~1.08%，以石榴子石（6%~66.5%）、绿帘石（0.1%~46.5%）、磁铁矿（0~57.7%）含量高为特征。

馆陶组尽管砂岩成熟度较差，平均孔隙度为 15%~30%，渗透率最大可达 $4200\times10^{-3}\mu m^2$、一般为（15~1400）$\times10^{-3}\mu m^2$，属高孔高渗储层，构成了渤海海域中浅层最重要的输导层，对中浅层油气的运移和聚集起重要作用。如馆陶组埋藏较浅的海中 10 井（1432.35~1444.4m），砂岩孔隙度为 32.5%，渗透率为 $2945\times10^{-3}\mu m^2$。埋藏较深的渤中 12 井（2845~2850m），砂岩孔隙度为 17.5%~21.5%，渗透率为（7.8~24.6）$\times10^{-3}\mu m^2$。说明其孔喉半径较宽，渗透性好，属于好储层。

2）明化镇组

明下段发育曲流河平原—浅水三角洲—滨浅湖沉积体系，凸起区储层以流河砂体为主，河道、点砂坝和决口扇砂体呈垂向间互叠置，凸起边缘的斜坡区在明下段早期仍有曲流河发育，中后期则发育浅水三角洲沉积（代黎明等，2007），明上段沉积继承明下段特征，凹陷区主要为湖相泥岩沉积，储层主要分布于凸起区的曲流河平原相。

明化镇组储集物性很好，孔隙度一般为 22%~38%、渗透率一般为（43~7490）$\times10^{-3}\mu m^2$，属高孔高渗储层，其中细砂岩的物性最好，粉砂岩明显降低，如 BD2-1 井在试油过程中即出砂 5%，最高达 43%。

明化镇组已发现了蓬莱 15-2、蓬莱 19-9、蓬莱 19-3、秦皇岛 32-6，秦皇岛 33-1S、渤中 25-1S、渤中 34-1 和垦利 9-5/6 等多个大中型油气田，到目前为止，明化镇组发现的油气储量约占整个渤海海域已发现的油气储量的 1/3，浅层明化镇组是渤海海域重要的勘探层系。

（二）黄海盆地

从震旦纪到中三叠世沉积了巨厚的海相地层，从侏罗纪—第三纪又发育较厚的陆相地层，储集条件良好，具多时代多层系储集条件。主要发育震旦系灯影组、中上寒武统—奥陶系、志留系、石炭系—二叠系及侏罗系—白垩系等。既有常规油气储层，又有非常规油气储层，现分述如下。

1. 上震旦统灯影组

下扬子地区晚震旦世早期灯影组发育，储层中见裂缝和溶蚀孔。在成岩后生阶段多发育白云石晶间孔，部分晶间孔内还见有沥青充填。N4 井 5368~5371m 井段浅灰色粗粉晶云岩发育白云石晶间孔，苏 87、新苏 87、苏 103 井不整合面附近的灯影组发育含藻云岩的晶间孔、粒间孔、藻架孔和鸟眼构造。

与南黄海同处于一个沉积环境的江苏盱眙地区地质浅钻官地 1 井钻遇上震旦统灯影组储层，该套储层裂缝及孔洞较为发育，岩石孔隙度 5%~12%，平均 <10%，渗透率（0.02~1）$\times 10^{-3}\mu m^2$。

2. 中上寒武统—奥陶系

发育大套白云岩。早奥陶世为浅海碳酸盐沉积，沉积物由相对局限的台地相转换为台地边缘相和生物礁相。陆上钻井揭示了该套地层，主要沉积台地相的灰岩、白云岩。孔隙度 4%~6%，渗透率（0.3~0.7）$\times 10^{-3}\mu m^2$。在该套地层储层中多见裂缝发育，为一套较好储层。

3. 中上志留统—泥盆系

崂山隆起 CSDP-2 井钻遇该套地层，为青灰色砂岩、灰色—灰绿色—紫褐色泥岩。该套碎屑岩储层成岩作用强，孔隙类型以裂缝为主，其次为次生孔隙，原生孔隙较少。钻井揭示志留系至泥盆系的砂岩中见油气显示。

但是根据目前南黄海科探井 CSDP-2 井中志留统至泥盆系测试结果，该套储层总体物性较差，孔隙度一般为 5%~10%，渗透率部分小于 $1\times 10^{-3}\mu m^2$。科探井 SDP-2 井志留系至泥盆系总体成岩作用较强，砂岩颗粒呈线性接触，主要为致密储层。

4. 石炭系—二叠系

岩性为砂岩和灰岩。该套储层总体物性较差，孔隙度一般为5%~10%，渗透率部分小于（0.5~0.7）$\times 10^{-3}\mu m^2$，为致密储层。

5. 侏罗系—白垩系

岩性主要为砂岩、砂砾岩及粉砂岩等。砂岩孔隙度一般为5%~12%，平均<10%，渗透率（0.05~1.0）$\times 10^{-3}\mu m^2$，平均（0.5~0.8）$\times 10^{-3}\mu m^2$，主要为致密储层。

（三）东海盆地

1. 侏罗系

岩性主要为砂岩、砂砾岩及粉砂岩等。砂岩孔隙度一般为6%~10%，平均<10%，渗透率（0.05~1.3）$\times 10^{-3}\mu m^2$，平均$1\times 10^{-3}\mu m^2$左右，主要为致密储层。

2. 白垩系

岩性主要为砂岩及粉砂岩。砂岩孔隙度一般为6%~11%，平均<10%，渗透率（0.07~1.3）$\times 10^{-3}\mu m^2$，平均$1\times 10^{-3}\mu m^2$左右，主要为致密储层。

3. 古近系

岩性以细砂岩为主夹粉砂岩及砂砾岩。砂岩孔隙度一般为8%~12%，平均10%，渗透率（0.5~3）$\times 10^{-3}\mu m^2$，为低孔低渗储层。

4. 新近系

岩性以砂岩为主夹粉砂岩及砂砾岩。砂岩孔隙度一般为8%~13%，平均11%，渗透率（0.5~3）$\times 10^{-3}\mu m^2$，为低孔低渗储层。

（四）南海盆地

1. 北部湾盆地

北部湾盆地储集层主要有碎屑岩和碳酸盐岩两种类型。碎屑岩储集层可进一步分为新近系海相砂岩储层和古近系陆相砂岩储层，海相砂岩储层主要为中新统下洋组及角尾组海相砂岩，储集物性良好；陆相砂岩储层主要为始新统流沙港组湖相砂岩、渐新统涠洲组河湖相砂岩，储集物性较好。孔隙度

6%~18%，渗透率（0.5~13）×10^{-3}μm^2。总之，北部湾盆地油气储集条件较好，在构造演化及沉积充填过程中形成了多套储盖组合类型，尤其是始新统流沙港组、渐新统涠洲组、中新统角尾组等不同层段的地层系统中，均有厚层砂岩储层与相邻泥页岩盖层构成了较好的成藏储盖组合类型，为该区油气藏形成奠定了较好地质条件。同时，古新统长流组、始新统流沙港组陆相厚层泥岩亦构成了前古近系古潜山油气藏石炭系石灰岩储层之上覆盖层，进而为古潜山油气藏形成提供了非常好的封盖条件。

2. 莺歌海盆地

莺歌海盆地新生界储层类型较多，展布特点各异，自下而上大致可分为7套。

（1）前新生界基岩潜山风化壳储层。HK30–1–1A井在基底石灰岩中漏失钻井液，可能与风化壳有关。邻区YlNG9井已经证实其孔隙度6%~15%。渗透率（0.5~3）×10^{-3}μm^2。推测海口—昌江潜山带和岭头潜山带发育这套储层。

（2）上渐新统陵三段扇三角洲、滨海相砂岩储层。崖城13–1气田已证实这套储层，平均孔隙度14%，渗透率（1.5~3）×10^{-3}μm^2，物性优良。莺歌海盆地在西北部临高凸起及东北部莺东斜坡带钻遇。LG20–1–l井、LG20–1–2井揭露该套储集层主要为细砂岩、泥质粉砂岩与粉砂质泥岩互层，砂质含量高于50%，但因泥质含量高、压实作用强而物性欠佳。莺东斜坡LT1–1–l井、LTl5–1–l井和T34–1–1井陵水组均为大套粗碎屑岩。推测乐东11–l低凸起带应发育这套储层。

（3）下中新统三亚组滨海、三角洲相砂岩储层。孔隙度为20%~25%，渗透率为（25~113）×10^{-3}μm^2。

（4）中中新统梅山组滨海或三角洲相砂岩储层。在三亚组顶部存在地层缺失，而在梅山组下部又发育一套储层。DFl–1–11井、LG20–1–l井，LT35–1–l井、LT9–1–l井和LTl5–1–1井均钻遇，LG20–1–l井梅二段下部揭露约300m细砂岩，渗透率为（45~113）×10^{-3}μm^2，临高低凸起和莺东斜坡带应发育这套储层。

（5）下中新统三亚组、中中新统梅山组碳酸盐岩及生物礁储层。YING6井、T35–1–l井钻遇了这套储层，孔隙度约20%，渗透率（45~123）×10^{-3}μm^2，1号断层上升盘发育这套储层。

（6）上中新统黄流组滨海、三角洲和浊积砂储层。孔隙度约20%~25%，渗透率（55~213）$\times 10^{-3}\mu m^2$。这套储层是目前盆地比较重要的储集层，在盆地中部表现为受泥底辟隆起控制影响形成的低位三角洲、浊流及水下浅滩储层或为盆底扇储层。

（7）上新统及全新统的低位扇、侵蚀谷、水道浊积、浅滩、滨岸砂，海侵及高位风暴砂、浅海席状砂等储层。孔隙度约28%，渗透率（95~213）$\times 10^{-3}\mu m^2$。该类储层是上新统莺歌海组浅层气田的主力产层，在盆地中心及南部普遍发育。

3. 琼东南盆地

琼东南盆地储层类型主要有砂岩与碳酸盐岩两大类。其中，砂岩储层以扇三角洲砂岩及浅海相砂岩为主，可分进一步为两类：其一为杂砂岩，这类砂岩泥质含量高，分选差，在埋藏成岩过程中，因压实作用孔隙度快速减小，并且在后期深埋成岩过程中溶解作用较弱，故难以成为有效储层。其二为净砂岩（或砂岩），其杂基含量小于15%，在埋藏成岩过程中，胶结作用是孔隙减小的主要因素，但其在后期深埋成岩过程中溶解作用普遍，往往能形成大量溶蚀次生孔隙，因而是该区储集物性较好的主要储集层。典型实例是崖城13-1大气田古近系上渐新统陵水组下部（陵三段）扇三角洲砂体储集层，虽然埋藏偏深，处在3800~3980m之间，但砂岩次生溶蚀孔隙发育，储集物性较好，孔隙度为14%~20%，渗透率达$810\times 10^{-3}\mu m^2$，是琼东南盆地崖城13-1大气田的主要储集层。上渐新统陵水组一段及中新统三亚组、梅山组和黄流组，均发育有一定厚度的海相砂岩储层，亦是该区重要的砂岩储集层，储集物性较好，孔隙度约22%、渗透率（95~210）$\times 10^{-3}\mu m^2$。另一类储层为碳酸盐岩，孔隙度约5%、渗透率（0.5~1）$\times 10^{-3}\mu m^2$。如崖北凹陷YC8-2-1井前古近系基底白云岩储层和崖城21-1低凸起YC21-1-1井中新统三亚组红藻灰岩储层，均属碳酸盐岩储集层，储集空间以微裂缝和次生微溶孔为主。另外，崖城13-1大气田YC13-1-4井中新统三亚组气层亦为藻灰岩型碳酸盐岩储层，储集物性较好。

琼东南盆地中，上渐新统陵水组、中新统三亚组及梅山组扇三角洲砂岩储层孔隙度约22%、渗透率（95~110）$\times 10^{-3}\mu m^2$。聚集的天然气聚集在构造—岩性圈闭之中。

4. 珠江口盆地

储集层主要分布于新近纪海相沉积层中，古近系始新统及下渐新统陆相储层储集物性较差。该区主要储集层类型及其特点如下。

（1）下中新统珠江组海相砂岩和礁灰岩储集层。储层储集物性极好，孔隙度为 21.7%~29.5%，渗透率为（1102~1709）$\times 10^{-3}\mu m^2$，中新世生物礁较发育，多以台缘礁、块礁、塔礁和补丁礁等礁体形态及类型出现，其中块礁、台缘礁灰岩储层储集条件好，储集物性最佳，由于礁灰岩经多次溶蚀溶解，其孔、洞、缝极其发育，平均孔隙度大于 20%，渗透率（5~10）$\times 10^{-3}\mu m^2$。孔隙类型多以粒间、粒内溶孔为主。总之，中新统礁灰岩与中新统海相砂岩一样都是珠江口盆地重要的油气储集层。

（2）上渐新统珠海组海相砂岩储集层。上渐新统珠海组海相砂岩储集层与珠江组一样亦是珠江口盆地主要油气储集层。珠海组海相砂岩分布广泛，砂岩储层矿物成分以石英为主（占 85% 以上），亦属于石英砂岩类型。碎屑物颗粒分选中等至好，磨圆度中等，以泥质或白云质孔隙—基底式胶结为主，孔隙度为 17%~20%，渗透率为（12~19）$\times 10^{-3}\mu m^2$。

（3）始新统文昌组及下渐新统恩平组陆相砂岩储层。文昌组及恩平组陆相砂岩储层，主要以水下扇、冲积扇等砂体在珠江口盆地分布较局限，且埋藏深，储集物性较差，孔隙度为 10%~12%，渗透率为（20~29）$\times 10^{-3}\mu m^2$，但在某些区域由于次生成岩作用导致溶蚀作用强烈，亦可形成大量次生孔隙，使得储集物性变好，具备了较好的储集条件，可作为该区深部原生油气藏的主要储集层。

5. 南海西—南部盆地

主要有三套储层，即渐新统—中新统海相 / 陆相砂岩、中中新统—上中新统碳酸盐岩 / 礁灰岩、前古近系盆地基岩（火成岩 / 变质岩及或碳酸盐岩），主力储集层是中新统海相砂岩和礁灰岩。此外，始新统和上新统也有砂岩储层分布。该区砂岩储层主要形成于河流相、三角洲相、浊积相及滨浅海相等沉积环境，砂岩孔隙度一般为 10%~29%，渗透率一般为（100~2000）$\times 10^{-3}\mu m^2$，具有非常好的储集物性。区域性盖层则主要为上新统—第四系海相泥岩。南海西—南部成矿区主要盆地不同类型储集层空间分布具有一定的分区分带性。

其中，渐新统—中新统和中中新统—上新统砂岩储集层平面展布主要集中于万安盆地西南部、曾母盆地南部及文莱—沙巴盆地等区域，而渐新统—下中新统和中中新统—上中新统及上新统碳酸盐岩台地及生物礁储集层则主要分布于巴拉望盆地北部、曾母盆地北部及万安盆地东部等区域。另外，不同地质时期，储集层类型及其分布特点亦有较大变化（张厚和等，2018）。古新世—始新世，除礼乐盆地西北部发育三角洲平原和前缘相砂体储层外，其他地区地层往往剥蚀。渐新世时期，万安盆地西北部隆起提供物源，形成了近源搬运的河流—三角洲相碎屑岩储层，但储集性能欠佳。同时在曾母盆地南部亦发育扇三角洲和三角洲相碎屑岩储层。早中新世，万安盆地西部发育三角洲，形成前缘席状砂等类型的储集层，即该区油田的主要产层；曾母盆地南部在该时期则形成了三角洲和滨岸相砂岩储集层。中中新世以后，随着古湄公河水系物源供给加大和海平面上升海侵扩大，万安盆地西部和曾母盆地南部均形成了三角洲前缘席状砂和河口坝等砂体储集层，同时在万安盆地中部和东南部、曾母盆地中部及北部和北康盆地西南部则形成了展布规模较大的碳酸盐岩台地 / 生物礁储层，孔隙度为 8%~12%，渗透率为（0.8~12）$\times 10^{-3}\mu m^2$，是该区重要的产气层。

三、盖层及储盖组合

（一）渤海海域

本区主要盖层发育，其中沙一段—东二下亚段泥岩是最重要的区域盖层。盖层质量对油气富集具有重要的控制作用。明下段为浅层良好的区域性盖层。渤中地区中北部盖层条件较好，中南部盖层条件好，泥岩单层最大厚度一般为 15~80m，BZ29–3–1 井明下段泥岩单层厚度达 145m。

本区具有多层系的储盖组合，具有多层系含油（图 4–22）、复式成藏的特点。

1. 前古近系储盖组合

主要包括三种组合形式：第一种是前古近系储集层与古近系（东营组、沙河街组）泥岩盖层组成的储盖组合；第二种是以前古近系泥页岩、泥灰岩作为盖层，前古近系灰岩、白云岩、砂砾岩作为储层形成的储盖组合；第三种是前古近系储集层与新近系（馆陶组）泥岩盖层组成的储盖组合。

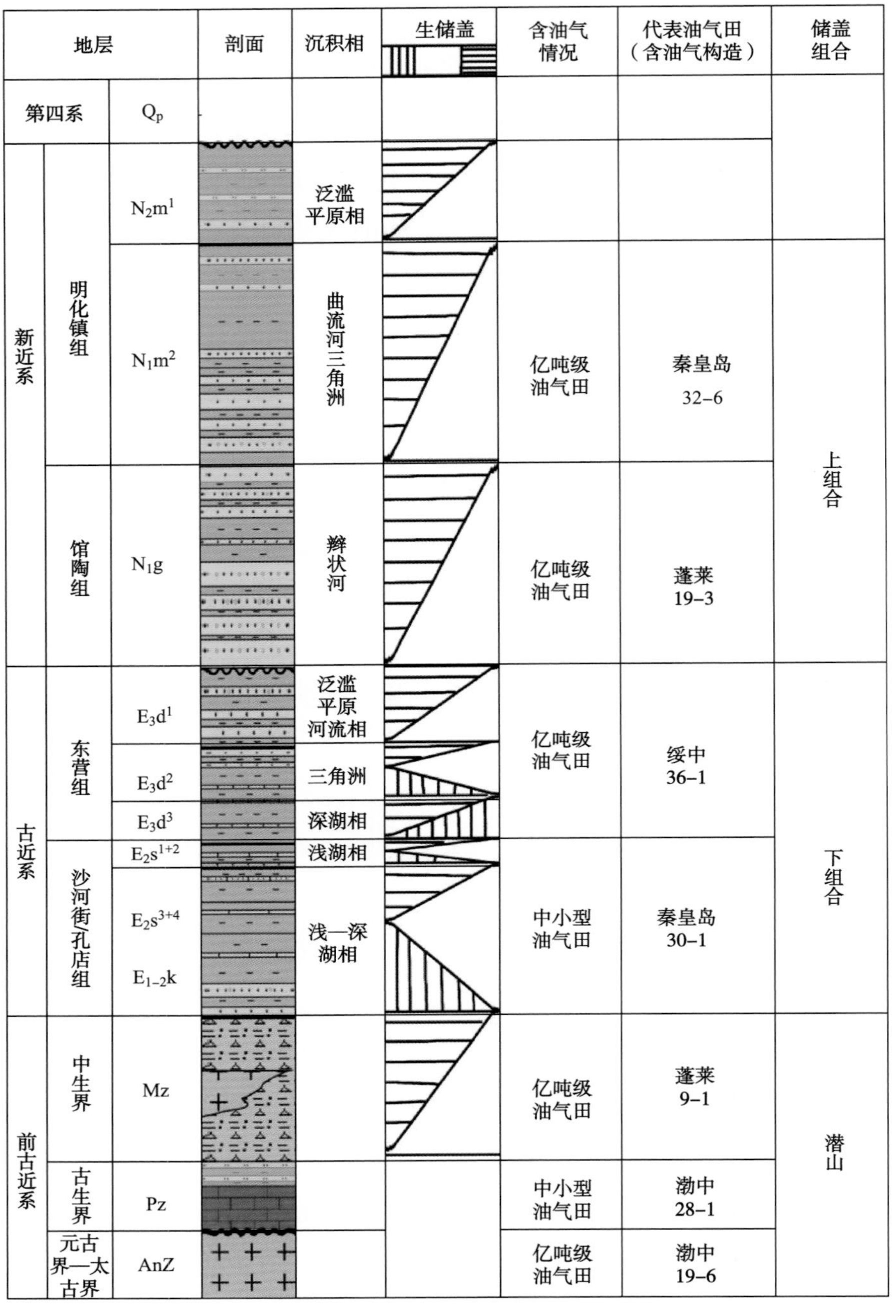

地层			剖面	沉积相	生储盖	含油气情况	代表油气田（含油气构造）	储盖组合
第四系		Q_p						
新近系	明化镇组	N_2m^1		泛滥平原相				
		N_1m^2		曲流河三角洲		亿吨级油气田	秦皇岛32–6	上组合
	馆陶组	N_1g		辫状河		亿吨级油气田	蓬莱19–3	
古近系	东营组	E_3d^1		泛滥平原河流相		亿吨级油气田	绥中36–1	下组合
		E_3d^2		三角洲				
		E_3d^3		深湖相				
	沙河街孔店组	E_2s^{1+2}		浅湖相		中小型油气田	秦皇岛30–1	
		E_2s^{3+4} $E_{1-2}k$		浅—深湖相				
前古近系	中生界	Mz				亿吨级油气田	蓬莱9–1	潜山
	古生界	Pz				中小型油气田	渤中28–1	
	元古界—太古界	AnZ				亿吨级油气田	渤中19–6	

图 4–22　渤海海域储盖组合纵向发育图

2. 古近系储盖组合

渤海海域古近系沙一段—沙四段和东营组东一段—东三段普遍具有下粗上细正旋回韵律的特点，各组段形成了自身的储盖组合。从宏观上看，沙二段、沙三段、东二上亚段、东一段砂岩是主要的储集层段，沙一段、东三段、东二下亚段泥岩构成古近系区域盖层。古近系区域盖层之下，油气保存条件好，油质轻，天然气丰富，压力系数较高，是寻找优质高产油气田的层段。

3. 新近系储盖组合

主要发育厚层泥岩与砂岩构成的优质储盖组合。

（二）黄海海域

目前已有资料表明，黄海地区划分为 5 套储盖组合（图 4–23）。

1. 上震旦统—下寒武统

生油层为下寒武统幕府山组泥页岩，厚度大，分布广泛；储层为灯影组白云岩；盖层为幕府山组泥页岩，厚度大，分布广泛，为区域性盖层。

2. 中寒武统—下志留统高家边组

烃源岩主要为下寒武统幕府山组和下志留统组的烃源岩；储层主要是中上寒武统—奥陶系的白云岩、生物碎屑灰岩及裂隙溶灰岩；早志留世发育的厚层高家边组泥质岩为区域性盖层。该组合在南黄海大部分地区广泛分布，在构造相对稳定的崂山断隆带保存较为完整，是南黄海油气勘探的重点。

3. 下志留统高家边组—上二叠统大隆组

烃源岩为下志留统高家边组和二叠系栖霞组、龙潭组—大隆组；储集岩包括碎屑岩和碳酸盐岩，碎屑岩储层为志留系、泥盆系、石炭系高骊山组、二叠系龙潭组的砂岩，碳酸盐岩储层包括石炭系和州—船山组、二叠系栖霞组的白云岩、生物碎屑灰岩及裂隙、溶蚀型灰岩，而且石炭纪晚期发育的多期暴露面、栖霞组顶部的风化壳也是有利的储层；盖层为早二叠世初期沉积的泥岩及二叠纪沉积的龙潭组—大隆组厚层泥岩。由于烟台冲断带大部分地区缺失龙潭组—大隆组，因此该组合在崂山断隆带及以南地区保存相对完整。

4. 下二叠统—下三叠统

烃源岩为下二叠统栖霞组泥灰岩、上二叠统龙潭组—大隆组泥页岩；储层为上二叠统龙潭组砂岩和下三叠统青龙组白云岩；盖层为上三叠统周冲膏盐层及下三叠统青龙组泥灰岩。三叠系地层在烟台冲断带和崂山断隆带沉积缺失，因此该组合在南黄海分布局限，但膏盐盖层封盖能力不容小觑，平面上主要分布于青岛断褶带。

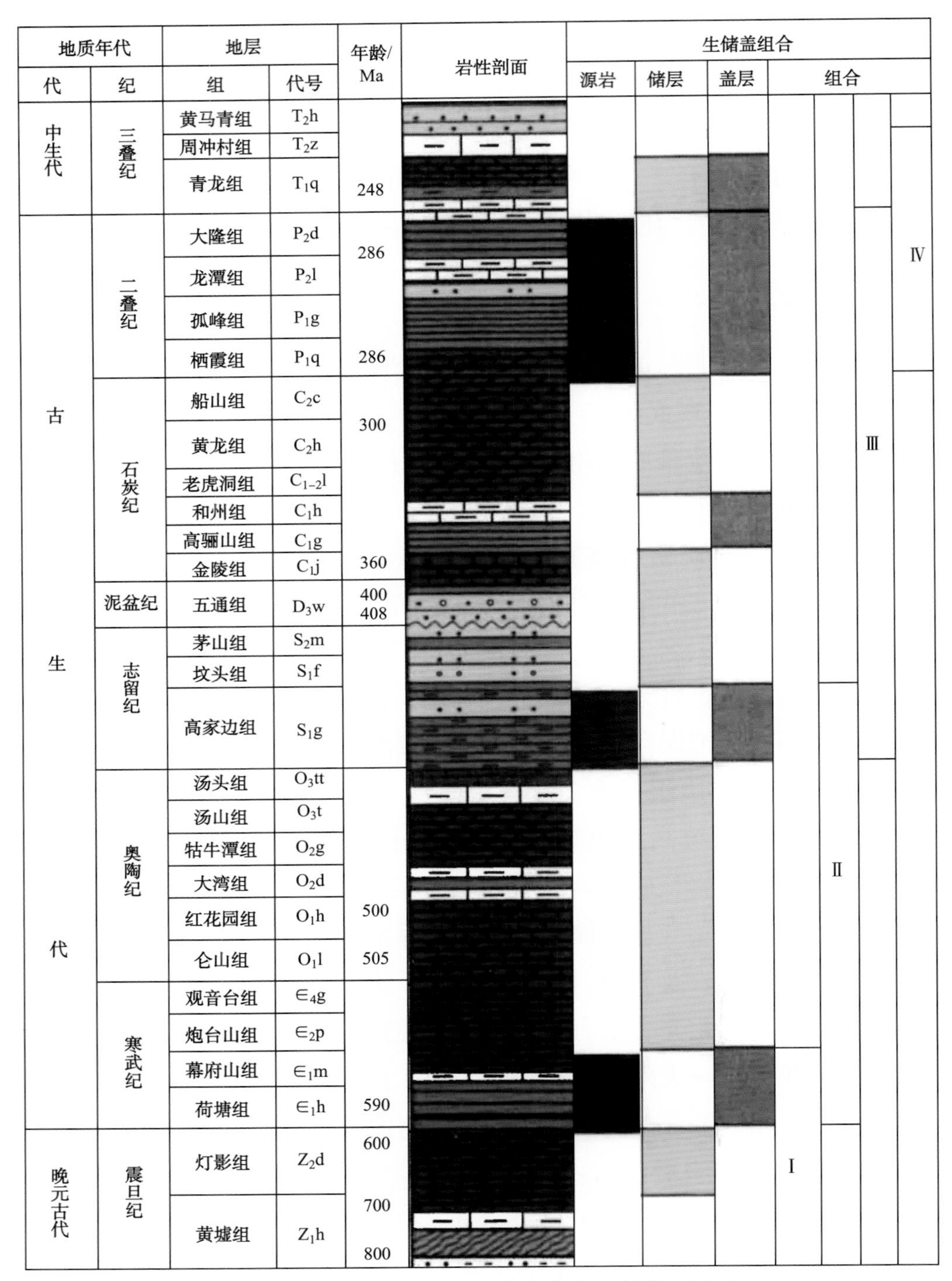

图 4–23　南黄海盆地生储盖综合柱状图（据陈建文）

5. 侏罗系—白垩系（北黄海盆地）

为自生自储的组合类型，并见良好油气显示。

（三）东海海域

目前主要的储盖组合有侏罗系—白垩系、古近系及新近系三套。

（四）南海海域

1. 北部湾盆地

油气藏的含油气储集层主要有碎屑岩和碳酸盐岩两种类型。碎屑岩储集层可进一步分为新近系海相砂岩储层和古近系陆相砂岩储层，海相砂岩储层主要为中新统下洋组及角尾组海相砂岩，储集物性良好；陆相砂岩储层主要为始新统流沙港组湖相砂岩、渐新统涠洲组河湖相砂岩，储集物性较好。碳酸盐岩储集层主要为前古近系灰岩缝洞型碳酸盐岩，是该区古潜山油气藏的主要储集层，其缝洞较发育，储集物性较好，往往能够获得高产油气流。总之，北部湾盆地油气储集条件较好，在构造演化及沉积充填过程中形成了多套储盖组合类型，尤其是始新统流沙港组、渐新统涠洲组、中新统角尾组等不同层段的地层系统中，均有厚层砂岩储层与相邻泥页岩盖层构成了较好的成藏储盖组合类型，为该区油气藏形成奠定了较好的地质条件。同时，古新统长流组、始新统流沙港组陆相厚层泥岩亦构成了前古近系古潜山油气藏石炭系石灰岩储层的上覆盖层，进而为古潜山油气藏的形成提供了非常好的封盖条件。

2. 莺歌海盆地

具有良好的生储盖成藏组合条件，由于盆地东南部莺歌海凹陷新近系及第四系沉积巨厚，在该区钻井及大部分地震剖面上均未揭示到古近系地层，故生储盖组合及其油气分布均主要集中在新近系及第四系中。中新世晚期以来沉积的大套巨厚泥岩为其区域盖层，故其油气保存条件好。

3. 琼东南盆地

该盆地发育三套储盖组合：新近系组合，以下生上储型为主、自生自储为辅；渐新统组合，为下生上储型及自生自储型；始新统组合，为自生自储型。

4. 珠江口盆地

目前该盆地发育三套储盖组合：始新统组合，为自生自储组合；渐新统组合，为下生上储型；中新统—渐新统组合，为下生上储型及自生自储型（图 4-24）。

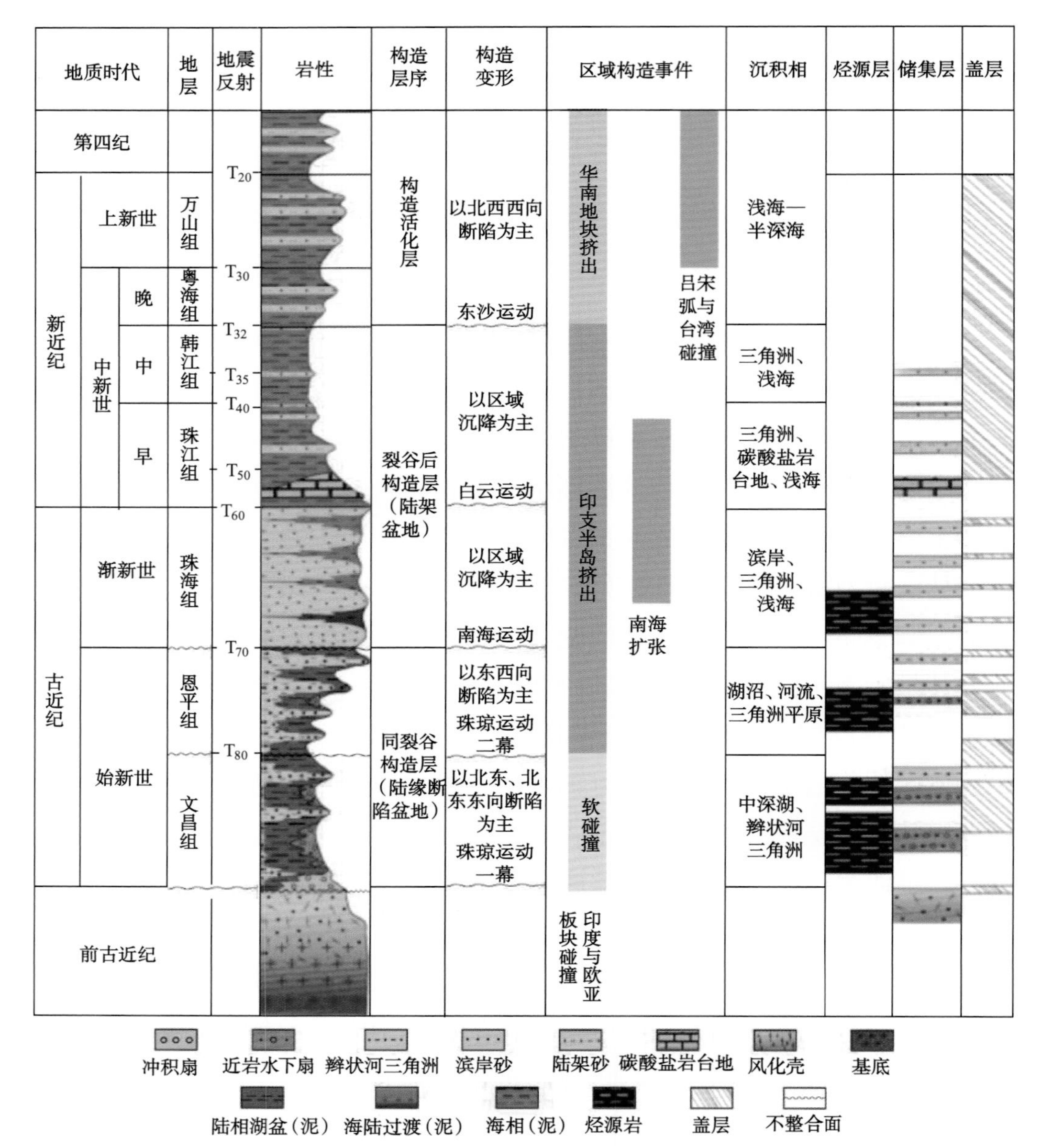

图 4-24　南海北部大珠江口盆地地层系统及生储盖组合类型（据何敏，2017 修改）

5. 南海西—南部盆地

该区新生界主要存在三套生储盖成藏组合类型。

1）中新统滨浅海碳酸盐岩生储盖成藏组合类型

即滨浅海相泥页岩（生）—台地相碳酸盐岩 / 生物礁相（储）—海相泥岩及泥灰岩（盖）构成的成藏组合类型。

2）渐新统及中新统海陆过渡相碎屑岩生储盖成藏组合类型

即湖泊相及海岸湖沼相泥页岩和煤系（生）—三角洲相砂岩（储）—前三角洲相、滨浅海相泥岩（盖）构成的成藏组合类型。

3）中新统及上新统海相碎屑岩生储盖成藏组合类型

即滨浅海泥岩及三角洲煤系泥岩（生）—滨浅海相砂岩（储）—浅海半深海相泥岩（盖）构成的成藏组合类型。剖面上一般均可构成下生上储、自生自储和上生下储/新生古储的成藏组合类型，如即近岸湖沼、海湾相泥岩（生）—前古近系不同类型基岩潜山（储）—前三角洲相泥岩和湖沼及海湾相泥岩（该盖）构成的上生下储新生古储的成藏组合类型。

南海西—南部盆地以西部万安盆地和南部曾母盆地及文莱—沙巴盆地油气勘探开发及研究 程度最高，油气地质资料最丰富，油气资源潜力及地质储量最大。这三个盆地油气储盖组合类型好。万安盆地油气主要富集于中新统储层，平面上围绕中央洋盆 具有“西油东气”和“西砂东礁”的分布特征；南部曾母盆地油气主要富集于渐新统—中新统储层；南部文莱—沙巴盆地油气主要富集于中中新统—上新统海相砂岩储层，近岸浅水区是油气主要富集区，上中新统是油气主要产层，海相砂岩储集层是该盆地最主要的储层类型。

南海西—南部盆地储盖组合类型不同区域差异明显。其中西部区万安盆地东部主要形成“下生上储”成藏组合类型的生物礁油气藏，而其西部则主要为“自生自储”式成藏组合类型的砂岩油气藏；南部区曾母盆地南部多形成“自生自储”成藏组合的砂岩油藏，而中北部则以“下生上储”成藏组合的生物礁气藏及油气藏为主；东南部文莱—沙巴盆地在近岸陆架浅水区则主要形成“自生自储”成藏组合的砂岩油藏或油气藏。

四、油气成藏特征

（一）渤海海域

该区域已发现的油气藏可分为构造油气藏、岩性油气藏、地层油气藏和复合油气藏，以构造油气藏为主。

1. **构造油气藏**

渤海海域构造油气藏可划分为背斜油气藏和断层油气藏，断层油气藏又包括断鼻油气藏和断块油气藏。

2. **地层油气藏**

地层油气藏是指油气在地层圈闭中的聚集，主要包括潜山油气藏和地层油气藏。

1）透镜体油气藏

渤海海域目前发现的岩性油气藏规模小，位于凹陷内，产量相对较低。锦州 31–6 含气区是以岩性圈闭为目的层在辽中凹陷东营组钻探的锦州 31–6 浊积体岩性圈闭，发现了 16m 气层，获得日产气 $33 \times 10^4 m^3$，这是渤海海域第一个以岩性圈闭为主要目的层钻探成功的圈闭。

2）湖相碳酸盐岩油气藏

渤海海域在秦皇岛 30–1、锦州 20–2 和渤中 13–1 油气田发现了生物礁油气藏。

3. **复合油气藏**

是两种或两种以上的圈闭相复合，形成复合圈闭。如曹妃甸 11–1 油田和秦皇岛 32–6 油田 2/3 井区构造与岩性复合油气藏、秦皇岛 29–2E 油田存在构造与地层复合油气藏。

（二）黄海海域

目前，仅在北黄海盆地发现太阳坳陷断背斜型油藏。

（三）东海海域

目前，仅在盆地内东湖凹陷发现背斜型油气田。

（四）南海海域

在该海域已经发现 400 多个油气田。油气类型齐全，构造型、地层型、岩性型及混合型均有。

1. **北部盆地**

1）构造圈闭类型

莺歌海盆地中深层高温超压气藏高压封存箱内，对流出溶离析排烃及运聚成藏模式；高压封存箱内，自生自储低势气相运聚成藏模式。

莺歌海盆地展布规模达 $2\times10^4m^2$ 的中央隆起构造带深部可能存在与之展布方向一致的深大断裂。均沿盆地北西长轴方向自北西向南东呈现雁列式排列的五排构造圈闭，自西北向东南方向依次分布有东方1-1—东方29-1、东方30-l—昌南1—昌南18-1、乐东8-1—乐东14-1—乐东13-1、乐东15-1—乐东20-1和乐东22-l—乐东28-1等构造圈闭。

该区目前勘探发现的含油气圈闭主要有以下两种类型：

（1）背斜圈闭类型。主要为分布在凸起（低凸起）上的披覆背斜和大断层下降盘的滚动背斜。在崖城、松涛、崖西、崖南等凸起（低凸起）上披覆背斜比较发育，而在2号和5号大断裂下降盘附近则滚动背斜比较普遍。

（2）断鼻和断块圈闭类型。沿凸起（低凸起）一侧或两侧大断裂附近，分布大量断鼻圈闭和众多断块圈闭。

2）地层岩性圈闭类型

主要为凸起（低凸起）上的礁块、凸起周围断超带（古近系沿凸起周围分布）以及凹陷深部中的浊积砂体、水下扇及凹陷斜坡带低位扇等岩性圈闭。

3）古潜山圈闭类型

主要为前古近系不整合面以下的古生代变质岩及燕山期花岗岩等古老岩石，遭受长期风化剥蚀形成的不同形态古潜山（如垒块状或单面山状等），其周围及顶部被新生界及烃源岩覆盖和包围而构成的圈闭。

2. 南海西—南部主要盆地

圈闭类型较多，既有由于构造断裂活动形成的不同类型的构造圈闭（背斜、断块、断鼻和泥底辟伴生构造等），亦有以地层因素为主形成的地层－岩性圈闭，还有构造与地层因素共同作用所形成的不同类型的复合圈闭（杨明慧等，2017）。其中，构造圈闭类型主要为滚动背斜、披覆背斜、断块、断鼻和泥底辟伴生构造等，地层－岩性圈闭类型主要有生物礁隆、碳酸盐岩隆、古潜山、地层超覆尖灭、三角洲砂体及浊积砂体和不整合圈闭等，构造－地层岩性复合圈闭则主要为断块－礁隆、断块－碳酸盐岩隆、古潜山－披覆背斜带等。目前已勘探发现的油气田和含油气构造圈闭类型主要有滚动背斜、披覆背斜、断背斜及断块和礁隆、碳酸盐岩隆和浊积砂体等。其中，礁隆、碳酸盐岩隆等地层型圈闭主要展布于曾母盆地南康台地和万安盆地，背斜、断背斜等构造型圈闭则主要分布于万安盆地、文莱—沙巴盆地和曾母盆地巴林坚地区，构造–地层复合型圈闭则主要分布在曾母盆地中部和文莱—沙巴盆地内带（包括深水扇地层–构造圈闭）以及礼乐盆地和北巴拉望盆地。总之，该区不同类型含油气圈闭展布特征大体上具有远离陆缘区带（邻近中央洋盆较深水区）主要以碳酸盐岩隆及生物礁地层圈闭类型为主，而近陆缘区（近陆缘远离中央洋盆浅水区）则主要以构造圈闭及构造–地层复合圈闭类型为主，油气及油气田分布则具有内气外油的特点。

五、油气分布规律

（一）渤海盆地

1. 油气在层位的分布

渤海海域油气产出的地层是多时代分布的，自前震旦系到新近系都有油气藏发现。以新近系为主，占总储量的56%，潜山最少，仅占5%。

1）新近系

新近系的油气藏主要围绕渤中凹陷分布在周围的低凸起、凸起和凹内复杂断裂带及黄河口凹陷的中央隆起带上。馆陶组以构造油气藏为主，占80%，其次是岩性油气藏；明化镇组以复合和岩性油气藏为主。

2）古近系

东营组发现的油气藏以东二段最多，主要分布在辽东湾地区、渤中凹陷周围的凸起、低凸起及黄河口凹陷的中央隆起带。

沙河街组发现的油气藏以沙二段最多，主要分布在辽西凸起、辽中凹陷复杂断裂带、黄河口凹陷。

3）潜山

渤海海域已发现的潜山油气藏主要分布在太古界混合花岗岩、古生界及中生界。

2. 油气富集带

1）近源（低）凸起带

辽西凸起、辽东凸起、渤东低凸起、渤南低凸起及莱北低凸起等凸起或低凸起的近源地区往往形成油气富集区。

2）陡坡带

渤海海域凹陷具有单断或双断特征，陡坡带紧邻生烃凹陷，控凹断裂发育且断层活动强烈，油气充注活跃，常发育断块和半背斜圈闭。陡坡带可容纳空间大，是砂体卸载、富砂沉积体系分布的重要区域，储层十分发育。控凹断层控制陡坡带圈闭的发育、富砂沉积体系分布及油气的运移，如渤中凹陷陡坡带曹妃甸 6–4 油田。

3）缓坡带

缓坡带是指箕状凹陷的缓坡区，一般距离生烃洼陷中心较远。缓坡带具有远油源的特征，油气要经过长距离运移。基底断裂、砂砾岩体、不整合面共同构建了立体高效的油气输导体系。其中，长期活动的基底主干断裂构成了垂向输导体系，馆陶组广泛分布的辫状河砂体和多期次的不整合共同形成了侧向输导体系。在多元输导、阶梯运移的模式下，油气可以长距离地侧向运移，如黄河口凹陷缓坡带垦利 3–2 油田。

2007 年在黄河口凹陷西南缓坡带发现垦利 3–2 油田，明下段单层测试最高日产油 455.3m^3。该油田为高产优质中型油田，它的发现揭示了黄河口凹陷缓坡带具有良好的油气勘探前景。

4）凹内断裂带

渤海海域发育大量的凹陷内部断裂构造带，并在这些构造带上发现了油气，这种构造带是渤海海域重要的勘探领域。凹内断裂带位于生烃凹陷内部，近油源，油气充注活跃，渤海海域主要生烃凹陷的烃源岩 12Ma 以来一直处于活跃的生烃状态，为凹内断裂带上的圈闭提供了充足的烃类来源和足够的充注强度。断裂的活动强度和组合样式控制了油气的运移和保存，这些主断裂晚期活动较强（有的是走滑运动），主要起垂向输导作用，与主断裂伴生的次级断裂由于具有相对较低的活动强度，有利于油气的保存，在断块圈闭发育地区，往往存在主断裂输导，次级断裂控油气成藏。

（二）黄海盆地

目前已发现油气的主要层系为侏罗系。油气分布在新华夏构造体系的北北东断裂带控制形成的断陷盆地斜坡带上。

（三）东海盆地

东海盆地目前已发现油气的主要层系是新生界。油气富集构造部位为新华夏构造体系的北北东断裂带控制形成的是新生代断陷盆地的陡坡带、缓坡带及中央凹陷的构造带，如东海盆地西湖坳陷油气田。

（四）南海盆地

目前已发现油气的主要层系是新生界，其次为中生界。油气富集构造部位为新生代断陷盆地的陡坡带、缓坡带及中央凹陷的构造带。另外，断裂带也是控油气的主要因素。

1. 南海北部盆地油气分布规律

根据南海北部四个盆地油气田（藏）分布状况分析油气分布规律发现油气分布在新生界。油气分布的构造部位为断陷盆地的陡坡带、缓坡带和凹陷内构造带，且与断裂带有关。

2. 南海西—南部盆地油气分布规律

目前，南海西—南部成矿区主要盆地均分布于新生界。主要集中富集在新生界碎屑岩和碳酸盐岩及生物礁储层中，其他地层层系油气分布甚少。局部地区如万安盆地某些区块前古近系花岗岩储集层亦富含油气。断陷盆地的构造部位为断陷盆地的陡坡带、缓坡带及凹陷内的构造带。

1）油气资源集中分布于主要富油气盆地

根据南海周边国家最新的油气资源评价预测结果（张厚和，2018），南海西—南部成矿区主要盆地油气资源分布富集程度差异较大。南海西—南部在我国传统疆域石油资源主要集中分布于曾母、万安、文莱—沙巴及中建南盆地（图 4–25），这四大盆地总的石油资源量可达 118.09×10^{8}t，占该区总石油资源量的 78.7%。天然气资源则主要集中分布于曾母盆地，其天然气资源量高达 $16.60 \times 10^{12}m^{3}$，占该区总天然气资源量的 58.2% 以上。其次为万安、中建南、礼乐、文莱—沙巴、北康、南薇西盆地，这六个盆地总的天然气资源量为 $10.98 \times 10^{12}m^{3}$，占该区天然气总资源量的 38.5%。上述这些盆地天然气资源非常丰富，是南海西—南部成矿区天然气勘探开发前景的最佳区域。诚然，目前有些盆地油气勘探程度低（如中建南盆地），尚未获得重大突破，但随着油气

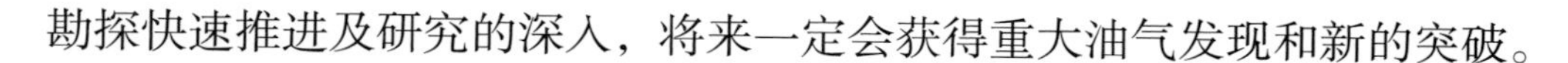

勘探快速推进及研究的深入，将来一定会获得重大油气发现和新的突破。

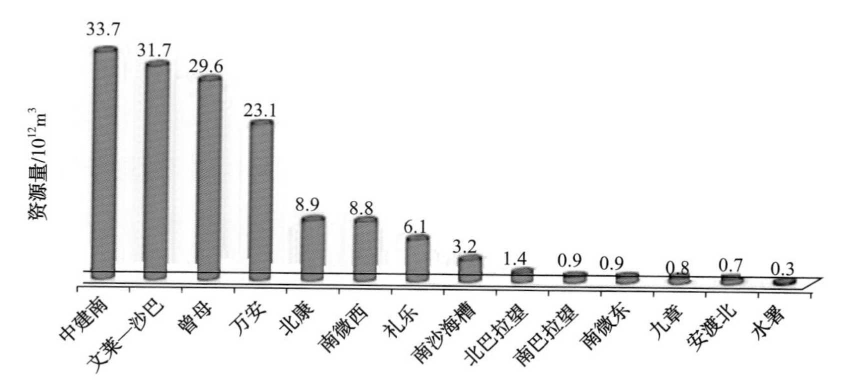

图 4-25 南海西—南部主要盆地中国传统疆域石油地质资源量分布特征（据张厚）

2）油气资源主要分布于新生界含油气层系

从主要含油气层系油气资源分布特点看，在南海西—南部成矿区主要盆地，我国传统疆域石油和天然气资源均主要分布于新生界含油气层系之中。其中，99.68% 的石油资源和 99.98% 的天然气资源均主要集中富集在新生界碎屑岩和碳酸盐岩及生物礁储层的含油气层系中，其他地层层系油气分布甚少。虽然局部地区如万安盆地某些区块前古近系古潜山花岗岩储集层亦富含油气，但其油气资源规模及油气储量和油田数量均非常有限，尚不足以改变这种以新生界碎屑岩和碳酸盐岩及生物礁储层为主的含油气层系的基本规律。

3）油气资源主要集中分布于浅层及中深层

从油气资源分布深度的统计结果可以看出，南海西—南部成矿区主要盆地在我国传统疆域石油资源均主要分布于浅层（小于 2000m）和中深层（2000~3500m），分别占总石油资源量的 20.9% 和 54.2%，而深层（3500~4500m）和超深层（大于 4500m）石油资源相对较少。

我国传统疆域天然气资源与石油资源分布特点基本类似，也主要集中分布于浅层及中深层，其分别占总天然气资源量的 59.6% 和 25.8%，而深层及超深层天然气资源也非常少，仅占总天然气资源量的 14.6%。因此，对于南海西—南部油气勘探的重点，应主要集中于浅层及中深层油气勘探领域，深层及超深层勘探领域油气资源潜力较小，勘探开发成本高，应是后备勘探领域。

4）不同地理环境下油气资源分布特点

根据目前南海西—南部成矿区浅水区与深水区油气勘探成果及油气地质条

件分析，无论浅水区（浅海）还是深水区（深海）均具有油气藏形成的基本地质条件。但是由于不同区域烃源岩有机质丰度及生源母质类型与所处地温场（有机质热演化条件）等成烃成藏条件的差异，往往导致在某些区域可能以石油产出为主，或油气资源并存；而在另外一些区域，则可能以富集天然气为主，或油气资源并存。南海西—南部成矿区主要盆地在我国传统疆域深水区（大于500m）石油资源比较富集，其占总石油资源的58.6%以上；而天然气资源则在某些浅水区（小于500m）较丰富，其占总天然气资源的57.3%，深水区天然气资源分布略居劣势，其占总天然气资源的42.7%，且不同盆地不同区域由于成烃成藏等主要控制因素的差异，往往导致油气资源潜力及油气分布特点明显不同。

5）油气储量规模及产量分布特点

南海西—南部成矿区主要盆地通过半个多世纪的油气勘探开发活动，迄今已完成了大量的钻井及地球物理勘探工作量，并开展了深入系统的海洋地质及油气地质综合分析研究工作，取得了一系列举世瞩目的重大油气勘探成果，先后勘探发现了一批大中型油气田。

据不完全统计，迄今为止南海西—南部已勘探发现了商业性油气田356个（其中油田41个，气田157个，油气田158个），探明油气地质总储量达127.54×10^{8}t（我国传统疆域内油气储量为76.5×10^{8}t），其中，石油地质储量为46.54×10^{8}t（我国传统疆域内石油储量为17.85×10^{8}t），天然气地质储量达$8.1\times10^{12}m^{3}$（我国传统疆域内天然气储量为$5.86\times10^{12}m^{3}$）。这些油气资源均主要集中分布于文莱—沙巴盆地、曾母盆地及万安盆地之中。这三个富油气盆地油气勘探所获石油地质储量占南海西—南部的94%以上，而勘探获得的天然气储量亦占南海西—南部的93%以上。

总之，油气勘探实践与研究均充分证实了沉积盆地中油气资源的分布富集，往往主要集中在某南海西—南部成矿区主要盆地油气产量目前已接近8000×10^{4}t油当量规模，是南海北部油气产量（2300×10^{4}t油当量）的3倍多，很显然其油气资源比南海北部丰富得多。南海西—南部成矿区主要盆地油气产量增长与分布主要经历了三个发展阶段，早期以石油产出为主，中期油气产出相当，晚期天然气产出具明显优势。

据不完全统计，截至2016年，南海西—南部已累计产出油气高达

$19.4\times10^{8}t$，其中石油产量为$9.63\times10^{8}t$，天然气产量达$1.22\times10^{12}m^{3}$。这些油气均主要产自文莱—沙巴盆地、曾母盆地、万安盆地和北巴拉望盆地及相关国家和地区。尚需强调的是，南海西—南部油气产量增长较快，继1998年油气产量达到了$4099\times10^{4}t$以来，2014年油气产量即达$5000\times10^{4}t$（相当于中国近海盆地2010年的油气产量），2015年油气产量则达到了$7724.3\times10^{4}t$，其中我国传统疆域内油气产量达$4847.4\times10^{4}t$（石油$1584\times10^{4}t$，天然气$409.49\times10^{8}m^{3}$），且主要产自马来西亚、文莱、越南及菲律宾等国家所处的文莱—沙巴、曾母及万安和北巴拉望这些富油气盆地之中。

总之，从以上油气储量分布及油气产出特点可以看出，南海西—南部成矿区主要盆地油气资源丰富，油气资源潜力大，油气储量及产量均主要集中于某些主要的富油气盆地，且天然气产出规模（储量及产量）亦远大于石油产出规模（储量及产量），但不同盆地及区域油气资源潜力和油气储量规模及产出特点等尚存在较大差异。

南海西—南部成矿区主要盆地油气资源丰富，油气勘探前景极佳，但其油气资源分布不均衡，不同类型盆地及区带油气资源潜力及油气资源规模差异较大，其中尤以曾母盆地、文莱—沙巴盆地和万安盆地油气资源最丰富。目前勘探发现的油气田及获得的油气储量最多。

根据中海油张厚和等专家的统计结果（2018），迄今为止南海西—南部成矿区主要盆地已勘探发现油气田、油田、气田共441个，如果按油气地质储量大于$1000\times10^{4}t$油当量作为大中型油气田的标准，则该区大中型油田及油气田和气田达153个（油田18个，油气田69个，气田56个）。如果按盆地统计，则油田、油气田、气田及其油气地质储量均主要集中于曾母盆地和文莱—沙巴盆地，其次为万安盆地和北巴拉望盆地。

尚需强调的是，上述这些油气田中分布在我国南海传统疆域九段线以内油气田有206个，其石油地质储量和天然气地质储量分别为$17.9\times10^{8}t$和$58.6\times10^{8}t$，总油气储量达$76.5\times10^{8}t$油当量。很显然，南海西—南部我国传统疆域（九段线之内）这些油气资源，均属于我国海域重要的油气矿产，但目前由于南海西—南部周边政治氛围复杂，迄今尚难以勘探开发利用。南海西—南部其他油气资源较丰富的盆地主要有中建南盆地、巴拉望盆地、南沙海槽盆地、礼乐盆地及北康盆地等，这些位于或大部分处在南海西—南部深水区的盆地，亦具有较大油气资源潜力和广阔的油气勘探开发前景，但目前油气勘探及研究程度甚低，且多属南海的争议区。因此，这些地区的油气资源大规模勘探开发及利用，尚有待今后加大油气勘探及研究的力度，并采取合作共赢方式联合域内国家开展油气勘探开发活动，进而加快和推进其油气勘探开发进程，争取获得油气勘探的重大突破。南海西—南部成矿区其他沉积充填及展布规模较小盆地，其油气资源潜力较小，油气勘探前景欠佳，目前及短期内尚难以实施和开展油气勘探开发活动，亦难以获得油气勘探开发的重大突破。

六、油气资源评价及有利区

（一）渤海盆地

1. 油气资源评价

到 2017 年年底，渤海海域已钻探井超过 1000 口，发现了 76 个油气田，目前已成为我国第二大产油区。渤海海域整体勘探程度相对较低，仍具有很大的油气勘探潜力。地质资源总量为：石油（110~135）$\times 10^8$t，天然气（1.24~1.66）$\times 10^{12}m^3$。

渤海油区目前油气探明率仅为 30% 左右正处于油气储量快速增长阶段。统计研究表明，渤海海域目前油气探井密度仅为每 100$km^2$2 口井。因此，无论是从油气探明率，还是从探井密度看，渤海海域油气勘探程度都比较低。

综上分析，渤海海域剩余资源量大，总体勘探程度较低，且各个凹陷勘探程度差异较大。因此，渤海海域仍具有很大的油气勘探潜力，常规油气与非常规油气资源共存，油气勘探前景十分乐观。

2. 油气勘探有利区

1）盆缘凹陷

长期以来渤海海域油气勘探开发主要围绕中部的辽中、渤中和黄河口 3 大富烃凹陷展开，盆地边缘的凹陷勘探程度很低。传统认为，盆缘凹陷面积小、埋藏浅、沉积粗，缺乏优质烃源岩，生烃潜力有限，难以形成规模性油气聚集。这类凹陷面积约占渤海海域面积的 50%。2000 年之前预测油气资源量仅占渤海海域总资源量的不到 20%，极大限制了勘探的拓展。近年来，随着富烃凹陷勘探程度不断提高，大面积三维地震资料的采集和应用，在对盆缘凹陷油气勘探实践和油气地质认识方面都取得了突破性进展。

从勘探实践看，近年在盆缘凹陷勘探中不断获得大规模的油气发现。

2）中深层潜山

渤海湾盆地强烈的断裂活动造成了基底的差异沉降，因此盆地前新生界基底容易形成古潜山。渤海海域古潜山勘探始于20世纪70年代，以古生界碳酸盐岩储层为目的层，在沙垒田凸起和石臼坨凸起钻了约20口井，只找到了4个出油点；1980年后，以新近系油田勘探为主同时兼顾潜山钻探，先后发现了多个大中型油气田，掀起了渤海潜山勘探热潮。

因此，多时代、多类型古潜山油气藏是渤海海域今后勘探的主攻方向之一。

3）古近系岩性地层

随着渤海海域油气勘探已逐步进入成熟阶段，岩性地层油气藏必将成为下一步可持续发展的重要勘探领域。主要勘对象包括陡坡带近源砂砾岩体、东营组远源三角洲—湖底扇和缓坡带等。

（二）黄海盆地

黄海盆地油气资源比较丰富，目前油气勘探程度较低，但油气地质条件十分优越，具有多时代成藏组合，常规油气与非常规油气资源共存。初期油气资源量为（25~30）$\times 10^8$t油当量，资源潜力大。

北黄海盆地：初步评价认为一级有利目标区为太阳坳陷。

南黄海盆地：已探钻井50多口，其中韩国5口（全部位于南黄海北部坳陷中），这些井中共计有7口井钻遇海相中、古生界（杨艳秋等，2015），其中钻遇最老地层为石炭系，3口井钻遇二叠系烃源岩（CZ35-2-1、WX5-ST1、CSDP-2），苏北盆地与南黄海盆地具有相同的大地构造背景，其成因演化具有相似性。因此，对陆域古生界烃源岩的研究，可以指导南黄海盆地的油气勘探。

南黄海盆地发育多套烃源岩，多时代成油气组合，初步估算油气资源量为（20~30）$\times 10^8$t油当量，具较好成藏条件，常规与非常规油气并存，是油气前景较好、具备形成大中型油气田的地区，是当前和今后油气勘探重要接替区。

初步评价选区结果如下：一级有利区为中部崂山隆起及勿南沙隆起，二级有利区为崂山隆起区北部斜坡部位，三级有利区为千里崖隆起。

（三）东海盆地

东海盆地发育多套烃源岩，多时代成油气组合，初步估算油气资源量为（20~30）$\times 10^{8}$t 油当量，具较好成藏条件，常规与非常规油气并存，是油气前景较好、具备形成大中型油气田的地区，是当前和今后油气勘探重要接替区。

初步评价选区结果如下：一级有利区为浙东长垣，目前已经发现 3 个油气田，油气资源丰富，成藏条件优越，还会有新的更大发现。二级有利区为斜坡枢纽带，该区已发现平湖和宝云亭二个油气田，成藏条件好、构造发育潜力较大。三级有利区为台北坳陷中的潜山及断块构造等，会有新的发现。

（四）南海盆地

南海北部主要盆地系指北部湾、莺歌海、琼东南、珠江口、台西及台西南 6 个含油气盆地。通过 20 世纪 60~70 年代自营油气勘探探索，其后 80~90 年代初的大规模对外合作油气勘探开发，以及近 20 年来自营与合作并举的油气勘探开发活动，目前已在珠江口、北部湾、莺歌海、琼东南、台西及台西南等 6 个盆地先后勘探发现和开发了大批大中型油气田，迄今该区油气年产量已达 2300×10^{4}t 油当量左右。但目前的大部分油气勘探开发活动均主要集 中在陆架浅水区，而远陆缘的陆坡深水区油气勘探开发及研究程度甚低，虽然近年来陆坡深水区油气勘探取得了重大进展和突破，先后勘探发现了一些大中型气田，但总体上深水区油气勘探及研究程度仍然较低。前已论及，南海北部成矿区主要盆地油气资源潜力大，根据最新油气资源评价预测结果与油气勘探成果，南海北部主要盆地总油气资源可达 300×10^{8}t 油当量以上，其中石油资源量为 84×10^{8}t，天然气资源量可达 225×10^{8}t 油当量，总油气探明程度为 9%。不同盆地油气资源规模与分布及勘探开发研究程度的差异导致其油气探明程度明显不同，南海北部主要盆地油气探明程度大致在 4%~19%。总之，南海北部成矿区主要盆地油气资源丰富，资源潜力大，作为我国近海盆地石油天然气勘探开发的主战场，其仍然是油气与非常规天然气储量及产量增快速长和油气勘探前景最佳的战略选区与最重要、最现实的有利区域。为了进一步深入分析和深刻认识南海北部油气资源潜力及勘探前景，以下将自西向东重点对南海北部主要盆地油气资源潜力及分布特点与勘探前景，进行系统分析阐述与综合评价及预测。

1. 北部湾盆地油气资源潜力及有利区

北部湾盆地位于南海北部，海域海水深度为0~55m，北浅南深。北部湾盆地面积为$5.15\times10^4km^2$。该盆地是在古生代基底之上形成的典型新生代断陷盆地，其中，断陷阶段沉积充填的中深湖相泥页岩为盆地的主要烃源岩，初期油气资源量为（8~10）$\times10^8t$油当量。

断陷晚期形成的滨浅湖相及河湖相碎屑岩为主要储集层，坳陷期形成的浅海相碎屑岩为重要储集层，进而构成了自生自储、下生上储的油气成藏组合类型。北部湾盆地通过半个多世纪的油气勘探，目前已在北部坳陷带涠西南凹陷、海中凹陷及乌石凹陷钻探了百余口探井。

总之，北部湾盆地虽然在涠西南凹陷、乌石凹陷和福山凹陷已发现10多个中小型油田及多个含油气构造，且在油气勘探程度较低的迈陈凹陷及其他区域亦见到较好油气显示，但目前盆地总体油气勘探及地质研究程度尚低，除涠西南凹陷及乌石凹但大部分探井均主要集中在涠西南凹陷，其他区域探井较少。多井见油气显示。2018年有一口探井，于古近系获日产油$1000m^3$、天然气$20\times10^4m^3$的高产井，展现了该盆具良好油气前景。

盆地中部企西隆起东部面积较大，约$1000km^2$，其上发育有规模较大的新近系背斜，故其可能是该区寻找大中型油田的有利油气勘探区带。因此，该区大型基底隆起上邻近生烃凹陷具备烃源供给条件的一些局部构造群构成的不同类型的圈闭，均具有油气资源潜力及勘探前景。

盆地内主要凹陷边缘斜坡部位，也是今后重要的勘探有利区。

2. 莺歌海盆地资源潜力及有利区

莺歌海盆地位于我国海南省西南部整体呈北北西走向的菱形分布，面积近$10\times10^4km^2$，为一个非常独特且年轻的高温超压新生代走滑型断陷型含油气盆地。盆地东北部通过1号断裂带东北段与北部湾盆地相接，东南部通过1号断裂东南段与琼东南盆地相连，正东西两侧则介于海南岛西南部与印支半岛北部之间。莺歌海盆地跨越中越两国海域且大致以盆地中轴线为界分别由我国和越南管辖。我国所在油气勘探区域为靠近海南岛的盆地东北侧，构造上属于临高凸起及其以南的莺歌海坳陷中轴线以东区域，我国实际管辖控制的勘探面积仅 $3.9\times10^{4}km^{2}$，盆地海水深度均小于 100m，一般多为 30~80m 之间。莺歌海盆地主要由莺歌海（中央）坳陷及东西两个斜坡带构成。盆地中部的中央坳陷自南向北由莺歌海凹陷、临高凸起及河内凹陷所组成，东北部斜坡带由莺东斜坡及河内东斜坡组成，西南部斜坡带主要为莺西斜坡。盆地西北部临高凸起走向近南北，向西北与河内地区中央低凸起相连，向西南可能延至两斜坡消失，凸起两侧发育呈反翘型箕状断陷，两侧正断层控制沉积，断超尖灭带背向临高凸起。

莺歌海盆地油气勘探虽然始于 20 世纪 50 年代中晚期，迄今已走过了半个多世纪的油气 勘探历程，但盆地总体的油气勘探程度较低，且油气勘探主要集中在盆地东南部中央隆起构造带浅层，盆地探井数不超过百口。该区中深层近年来虽然钻探了部分探井，迄今为止该区勘探开发的浅层天然气田和勘探发现的中深层天然气田，均分布于中央隆起构造带上，而以外的其他区域油气勘探程度甚低。莺歌海盆地油气资源丰富，根据中海油近年来开展的油气资源评价工作及其预测结果，盆地总油气资源量可达 $72.7\times10^{8}t$ 油当量，其中天然气资源量可达 $6.8\times10^{12}m^{3}$，表明莺歌海盆地天然气资源潜力巨大。

莺歌海盆地中部及东南部的中央隆起构造带浅层天然气勘探领域，虽然其天然气 勘探及研究程度相对较高，但由于具有“泥底辟型”天然气藏优越的运聚成藏条件，故其始终是该区天然气运聚的优势方向和最佳富集场所。因此，其天然气勘探成功率较高。迄今钻探的 18 个浅层伴生构造圈闭中，有 9 个构造圈闭钻遇气层，地质成功率为 61.1%，发现 4 个大中型气田，商业成功率为 22.2%。

莺歌海盆地有利区有以下几个：

（1）中央隆起构造带浅层勘探领域具有优越的天然气运聚成藏条件及开发生产优势，如天然气纵向运聚的优势区、生烃条件及成藏储盖组合好、气层具有明显易识别的地球物理信息、浅层勘探成本低、能与现有气田生产平台联合开发等。目前在东方区西南部、乐东区北部及东南部和东方浅层气田群周缘、乐东浅层气田群周缘的不同类型构造 – 岩性圈闭目标，均具有油气资源潜力及勘探前景，在精细落实好圈闭，搞清其储盖成藏组合的基础上部署实施钻探，一定能够获得重大突破和新发现。

（2）中深层天然气勘探领域具有巨大资源潜力及勘探前景。尤其要以其最小的勘探投入寻找富集高产低 CO_2 的优质烃类气藏，以达到提高勘探成功率和经济效益之目的。总之，乐东区中深层天然气勘探领域资源潜力较大，勘探发现大中型气田是指日可待的。开创中深层天然气勘探的新局面。

（3）东北部莺东斜坡带。莺东斜坡带属莺歌海盆地东北边缘的次级构造单元，经过 60 多年坎坷的油气勘探历程，迄今为止该区的油气勘探程度仍然较低，勘探成效亦不甚理想，油气勘探上尚无重大突破。截至目前，应该具有较大的油气资源潜力和良好的勘探前景。因此应加强研究精细研究油气运聚疏导系统及流体运聚动力；全面系统研究油气与油气苗及气烟囱分布规律，追踪其烃源供给系统及来源；深入研究 1 号断裂不同时期不同区域发育演化特征及对油气运聚的控制作用；重点研究落实地层岩性圈闭顶封盖及侧向遮挡条件；深入研究油气储层临界物性，优选最佳成藏组合，确定不同区带主要勘探目的层，实现新突破。

（4）西北部临高凸起。莺歌海盆地西北部临高凸起区油气勘探程度甚低，迄今仅在 LG20-1 背斜构造上钻了 2 口探井，且钻探见到了良好的油气显示，电测解释亦存在气层，且均未获得测试资料，该区具备油气成藏的基本地质条件，一定能够获得油气勘探的突破。

3. 琼东南盆地油气资源潜力及有利区

琼东南盆地面积达 $8.2 \times 10^4 km^2$。历经近 40 年的油气勘探，尤其是对外合作油气勘探以来，主要在盆地西北部浅水区环崖南凹陷周缘，先后勘探发现了 YC13-1 大气田和 YC13-4 气田及 YC7-4、YC14-1 和 YC13-6 等含油气构造；在盆地东北部浅水区虽然亦勘探发现了含油气构造，但迄今为止尚未获得商业性油气田的重大发现；在盆地南部坡深水区中央坳陷带及南部坳陷带，近年来虽然实施了地球物理勘探及部分探井的钻探工作，亦先后勘探发现了 LS22-1、LS17-2 及 LS18-1 和 LS25-1 等岩性气藏（其中 LS17-2 为深水大气田），但目前深水区油气勘探及研究程度仍然很低。总之，琼东南盆地无论北部陆架浅水区还是南部陆坡深水区油气勘探及研究程度偏，大中型天然气田勘探发现主要局限于北部、西北部浅水区崖南凹陷及周缘区和南部及西南部深水区乐东 - 陵水凹陷及周缘区，而其他地区均未获商业性油气的发现，且勘探及研究程度甚低（图 4-26、图 4-27）。

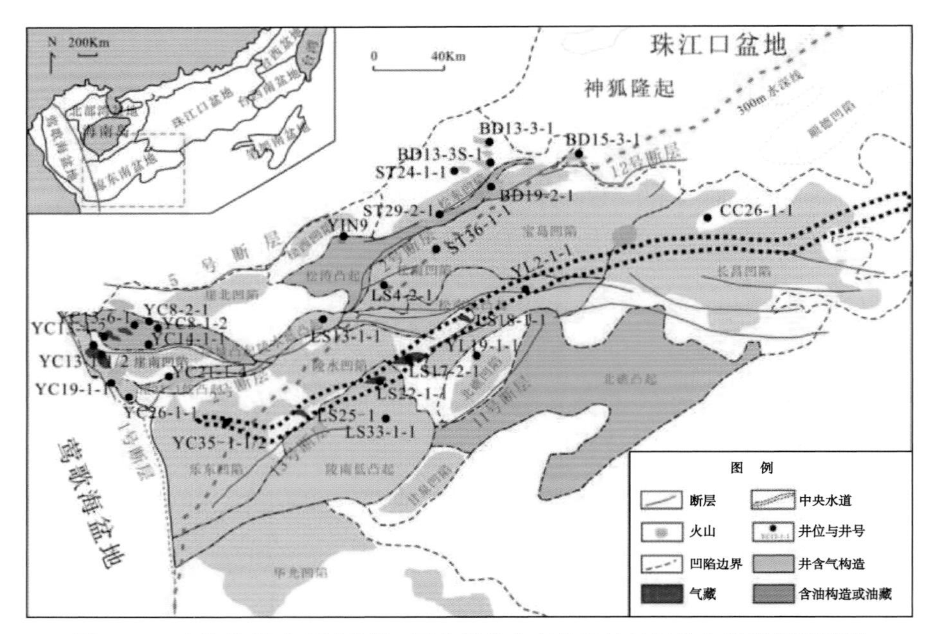

图 4–26　南海北部成矿区北部 / 西北部琼东南盆地油气田分布及勘探程度图

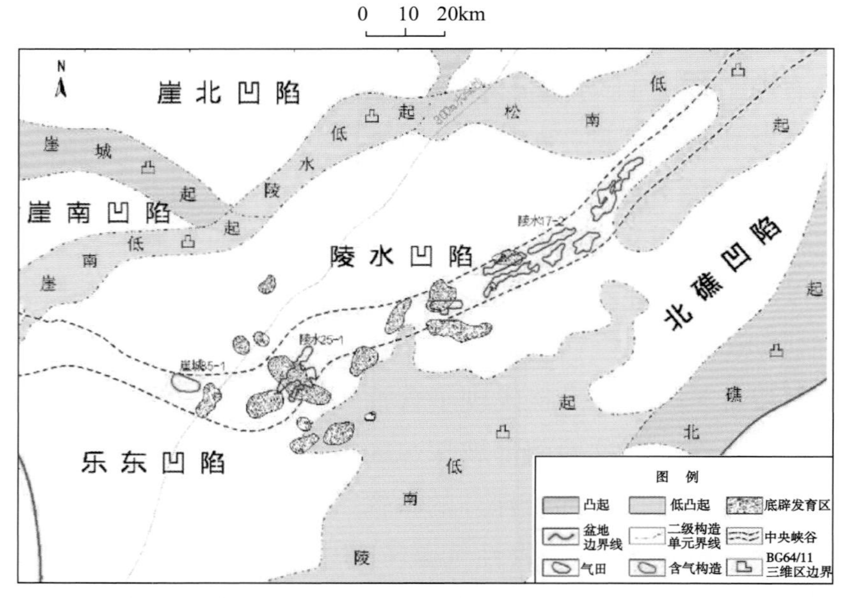

图 4–27　琼东南盆地西南部乐东—陵水凹陷深水大中型气田分布与疑似泥底辟展布特征

据中国海油近年来的油气资源评价结果可知，琼东南盆地总油气资源量可达 157×10^8t，其中天然气资源量可达 9.6×10^{12}m^3。油气探明程度仅 3.73%，表明其油气资源，尤其是剩余油气资源十分丰富，油气资源潜力大。

1）盆地北部断陷带

琼东南盆地北部裂陷带浅水区包括崖北凹陷、松西及松东凹陷等区域，这些凹陷均以古近纪为主要断陷沉降期，沉积充填了以古近系陆相沉积为主的“厚陆薄海”“陆生海储”的生储盖组合等成藏组合类型。一般多具有以下油气地质特点：古近系湖相及煤系等陆相沉积厚度大（大于4000m）而新近系及第四系海相沉积薄（一般为2300m左右，最厚不超过3200m），且均以始新世、渐新世裂陷期（主断陷沉降期）中深湖相泥岩及部分煤系和滨浅湖相泥岩为主要烃源岩，以生油为主；断陷晚期形成的渐新统陵水组扇三角洲砂岩和海相坳陷期沉积的中新统水进体系域海相砂岩、碳酸盐台地之礁滩灰岩为主要储集层，储集物性良好；渐新统顶部浅海相泥岩和中新统上部海相泥岩为区域性盖层。北部坳陷带浅水区油气勘探虽未获重大突破，但部分含油气构造及圈闭均已见到油气显示（如ST24-1、BD19-2及BD15-3等含油气构造）或获得低产油流（如莺9井），表明该区具备油气成藏的基本地质条件，应该具有一定的油气资源潜力及勘探前景。只是由于该区古近系及新近系总体沉积规模小，上覆新近系海相坳陷沉积薄，古近系中深湖相主力烃源岩埋藏浅，多处于成熟生烃的油窗范围，故该区应属于南海北部大陆边缘盆地北部裂陷带的石油分布聚集区。同时，由于该区属陆架浅水区，新生界沉积较薄且沉降沉积速率不快，压实与流体排出始终处于均衡状态，故新生界沉积均为正常的地层压力系统，不存在异常高压，因此，油气勘探开发成本低，油气资源前景良好。

盆地东部陆坡深水区，油气勘探与研究程度更低，属于油气勘探及研究的薄弱区，但其与西部深水区一样具有较好油气成藏地质条件，亦是重要的深水油气勘探区域和后备勘探潜力区。因此，琼东南盆地北部坳陷带浅水区东部应该具有较大的石油资源潜力及勘探前景，开创了盆地东部油气勘探新局面。

2）中央及南部坳陷带深水区有利勘探方向

琼东南盆地中央坳陷带及南部坳陷带主要包括崖南、乐东、陵水、松南、宝岛、长昌、北礁及华光凹陷等。中央坳陷带除崖南凹陷外，其他凹陷均处于陆坡深水区，这些凹陷由于新近系海相沉积巨厚，一般大于3000m以上，最厚超过6300m（乐东凹陷），加之部分深大断陷如陵水、松南、宝岛、长昌及华光等凹陷古近系本身沉积充填巨厚，一般大于5800m，最厚超过8000m，有机质热演化程度较高，多已达高熟凝析油及湿气阶段，甚至高成熟—过成熟干气演化阶段。深水区油气产出主要天然气为主，以下分别对中央坳陷带与南部坳陷带及周缘区有利油气勘探区带及勘探方向进行综合分析阐述与探讨。

（1）中央坳陷带：以崖南、乐东、陵水、松南及宝岛凹陷所组成的中央坳陷带，除崖南凹陷外，均处于陆坡深水区位置。这些凹陷均具有展布规模大，尤其是新生界沉积厚度大的特点，其中，新近系海相坳陷沉积厚度，据崖南凹陷钻井揭示最厚达3200m，最薄为2200m。根据地震资 料推测中央坳陷带新近系海相坳陷沉积最大厚度达6300m，古近纪陆相充填沉积厚度目前大 部分钻井尚未钻穿，但结合地震资料解释推测最厚达8000m，最薄亦达5800 m。除崖南凹陷 外，其他凹陷由于均处于陆坡深水区，无论是新近系海相坳陷沉积还是古近系陆相断陷充填沉积，其展布规模均非常大，因此，该区新生界沉积厚展布规模大，为形成深油气奠定了雄厚的物质基础。

由于该区存在新近系断陷后海相坳陷沉积和古近纪陆相断陷充填沉积两套巨厚的新生界地层系统，因此，其主要生烃层不仅有陆相断陷期沉积形成的中深湖相烃源和滨海沼泽相煤系烃源岩，而且由于深水区新近系地层大部分已处在热演化成熟生烃范围，故其亦发育有中新统海相坳陷沉积的浅海、半深海相烃源岩（乐东凹陷YC35-1-1井已钻遇来自中新统烃源岩的油气显示）。另外，据国家“九五”科技攻关南海北部天然气项目研究成果证实，琼东南盆地中央坳陷带主要凹陷（乐东、陵水、宝岛及松南等）始新统及渐新统崖城组和陵水组以及新近系烃源岩均具较强生烃潜力。总之，该区存在陆相（湖相及煤系）和海相三套烃源岩，烃源物质基础雄厚，生烃强度较大，具备了良好的烃源条件。

中央坳陷带中新统海相砂岩储层和渐新统扇三角洲储层亦非常发育。如上中新统黄流组中央峡谷水道砂、盆底水下扇、低水位扇以及下—中中新统三亚—梅山组碳酸盐岩生物礁滩储层等，均较发育且储集体规模较大（如中央峡谷水道砂体可延伸数百千米，陆缘盆底水下扇及低水位扇复合体的面积可达数千平方千米）。这些砂层储层储集物性较好，其孔隙度为16%~19%，部分可达22%，渗透率为（150~550）$\times 10^{-3}\mu m^2$，且砂岩储层厚度大，如YC35-1-1井黄流组底砂岩厚69.8m。因此，中央坳陷带具备了良好的油气储集条件。另外，该区盖层条件亦较好，上中新统及上新统浅海相及半深海相泥岩非常发育，其泥岩厚度一般均大于1000m，且占地层厚度75%以上，构成了该区非常好的浅海相及半深海相的区域盖层。

综上所述，中央坳陷带具备了油气运聚成藏的基本地质条件，具有较大的油气资源潜力 。

（2）南部坳陷带：南部坳陷带主要由华光凹陷、北礁凹陷及长昌凹陷所构成，处于琼东南盆地南部斜坡深水区及附近。由于该区地壳厚度较薄（20km左右），且属于洋陆过渡型地壳，故其热流值及地温场较高，有利于烃源岩有机质热演化生烃转化为油气。该带新近系海相坳陷沉积和古近系陆相断陷沉积充填特征与中央坳陷带基本类似，其油气成藏地质条件与中央坳陷带相比亦存在一定的差异。

南部坳陷带古近纪断陷主要由地堑和部分半地堑洼陷所组成，新近纪则为向南缓慢抬起的斜坡，前古近纪基底埋深也自北向南变浅。该区基底断裂较发育，形成了由北东向断裂控制的凹陷、断陷或一系列断洼。据中国石油近年来在华光凹陷进行地震勘探所获地震剖面分析，该区古近系陆相沉积规模较大，最厚达6400m，新近系海相沉积厚度亦超过3000m，故新近系中新统部分烃源岩成熟度已达成熟生烃阶段，古近系陆相烃源岩则已处在成熟—高熟油气窗范围，且古近系展布规模较大，因此，该区具备了雄厚的烃源物质基础和良好的烃源条件。

南部坳陷带储层推测主要为渐新统陵水组扇三角洲砂岩，亦有新近系陆坡深水扇系统各种成因类型的砂岩。该区上覆封盖层为2000~3000m厚的浅海及半深海相泥岩，油气纵向 运聚通道主要为断层裂隙与渐新统陵水组砂岩及不整合面所构成或新近系各种类型的砂体与部分泥底辟及气烟囱构成。油气圈闭类型主要以披覆背斜、断背斜、断块及古潜山为主。

总之，南部坳陷带新生界沉积充填规模较大，生烃物质较丰富，烃源岩多处于成熟—高成熟成烃演化阶段，生烃潜力大，油气资源前景较好。

4. 珠江口盆地油气资源潜力及有利区

珠江口盆地位于南海地块东北部，面积达26×10^4km²，是我国南海北部最大的含油气盆地。盆地水深范围为50~2000m，盆地中部水深200m左右。南海地块之上的中新生代盆地。近50年的勘探历程中发现了很多大中型油气田，已建成1450×10^4t油当量的产能，但油气勘探及研究程度尚低，油气及油气田分布亦主要集中在陆架浅水区（图4-28），目前仅在白云凹陷勘探发现了番禺—流花和荔湾—流花两个油气田群。

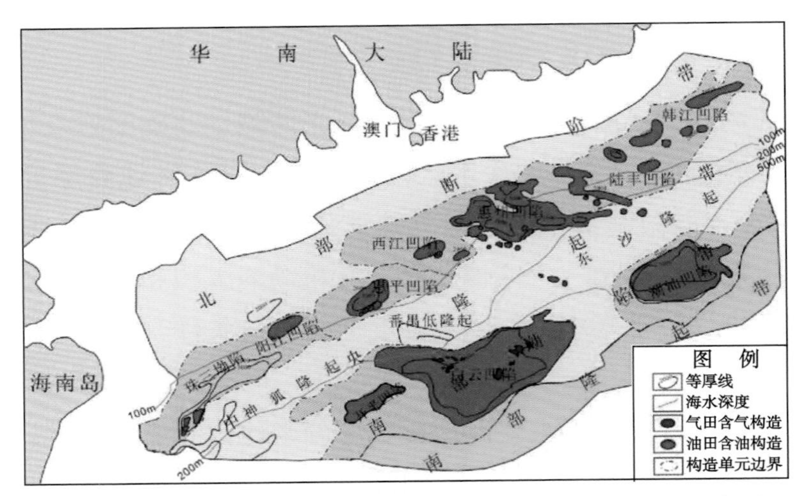

图 4–28　南海北部成矿区北部珠江口盆地油气田分布及其勘探程度图

珠江口盆地具有丰富的油气资源。据新一轮全国油气资源评价成果，珠江口盆地石油地质资源量为 64.0×10^8t，天然气地质资源量为 27×10^{12}m^3。根据近年来中海油资源评价结果，探明油气储量为 17.8×10^8t，油气探明程度为 11.9%。石油资源潜力最大的区域仍以北部浅水区，且以惠州凹陷、陆丰凹陷及西江凹陷石油资源最富集；而天然气资源潜力最大的区域则主要集中在盆地南部深水区，其中尤以白云凹陷（白云北和白云南）天然气资源最富集，总之，上述油气资源评价结果及其分布特征，均表明该区油气资源丰富，油气资源潜力大，根据珠江口盆地油气地质特点和油气分布规律，以下将分浅水区北部坳陷带及中央隆起带与深水区中部及南部坳陷带和南部隆起带两大区域，重点对其油气资源进行阐述。

1）北部断陷带及中央隆起带西部（珠江口盆地西部珠三坳陷及神狐隆起）

已勘探发现了文昌中型油气田群。上述这些油气田群的烃源供给主要来自古近系 始新统文昌组中深湖相烃源岩及下渐新统恩平组河湖沼泽相煤系，含油气储盖组合类型则主要为上覆海相沉积的上渐新统珠海组浅海三角洲砂岩、下中新统珠江组各类扇体砂岩及生物礁滩碳酸盐岩与其间互沉积的泥岩所构成，形成了“自生自储”“下生上储”“陆生海储”及“古生新储”的生储盖成藏组合类型。因此，该区油气资源前景较好，具体有珠一坳陷东沙隆起有利区、珠三坳陷文昌凹陷及神狐隆起有利区，构成了该区“下生上储、陆生海储”的新生界含油气系统及油气聚集区；神狐隆起区有利区，神狐隆起带周缘及神狐隆起带上不同类型局部圈闭。

2）南部有利区

主要为白云凹陷有利区、顺德—开平有利区和潮汕坳陷中生界有利区。

5. 南海西—南部资源潜力与有利区

南海西—南部主要盆地通过半个多世纪的油气勘探开发活动，迄今已完成了大量的钻井及地球物理勘探工作量，迄今为止南海西—南部已勘探发现了商业性油气田 356 个（油田 41 个，气田 157 个，油气田 158 个），油气资源量达 500×10^8t 油当量。主要集中分布于曾母、万安、文莱—沙巴及中建南盆地。探明油气地质总储量达 127.54×10^8t（我国传统疆域内油气储量为 76.5×10^8t），其中石油地质储量为 46.54×10^8t。

南海西—南部在我国传统疆域石油资源主要集中分布于曾母、万安、文莱—沙巴及中建南盆地，这四大盆地占该区总石油资源量的 78%，天然气资源则主要集中分布于曾母盆地，占该区总天然气资源量的 58% 以上。其次为万安、中建南、礼乐、文莱—沙巴、北康、南薇西盆地，这六个盆地总的天然气资源量占该区天然气总资源量的 38.5%。上述这些盆地天然气资源非常丰富，是南海西—南部成矿区天然气勘探开发前景的最佳区域，目前有些盆地油气勘探程度低（如中建南盆地），尚未获得重大突破，但随着油气勘探快速推进及研究的深入，将来一定会获得重大油气发现和新的突破。

目前，主要含油气层系油气资源分布特点看，南海西—南部成矿区主要盆地石油和天然气资源均主要分布于新生界中。富集在新生界碎屑岩和碳酸盐岩及生物礁储层的含油气层系中，其他地层层系油气分布甚少。

油气资源主要分布各断陷盆地的陡坡带、缓坡带、中央坳陷内构造带及断裂带附近。

油气资源主要分布于浅层及中深层从油气资源分布深度的统计结果可以看出，石油资源均主要分布于浅层（小于 2000m）和中深层（2000~3500m），其分别占总石油资源量的 20.9% 和 54.2%，而深层（3500~4500m）及超深层（大于 4500m）石油资源相对较少。因此，对于南海西—南部油气勘探的重点，应主要集中于浅层及中深层油气勘探领域，深层及超深层勘探领域油气资源潜力较小，应是后备勘探领域。

6. **非烃气资源前景与有利区**

南海北部部分盆地自20世纪90年代中期以来，油气勘探中均陆续钻遇了大量以CO_2为主的非烃气，据不完全统计，迄今为止油气勘探中已发现了20个CO_2气藏及高含CO_2油气藏，这些CO_2气藏及高含CO_2油气藏主要分布于莺歌海盆地中央构造带浅层、琼东南盆地东部Ⅱ断裂带周缘、珠江口盆地西部珠三南深大断裂附近、珠江口盆地东部番禺低隆起、东沙隆起北断裂周缘及惠陆凸起附近和珠江口盆地南部深水区白云—荔湾凹陷深大断裂分布区。CO_2成因主要为壳源型、壳幔混合型及火山幔源型三种类型，其中壳源型及壳幔混合型CO_2主要分布于莺歌海盆地中央构造带浅层。火山幔源型CO_2则主要展布于琼东南盆地东部和珠江口盆地主要深大断裂及火山活动发育区。南海北部盆地CO_2资源非常丰富，根据目前油气勘探及地质研究程度，其CO_2资源量逾万亿立方米，仅莺—琼盆地油气勘探中所获CO_2地质储量已近$3000\times10^{12}m^3$，居中国CO_2气田储量规模之首，故具有大的非烃气资源潜力与综合开发利用前景。

总之，多年来的油气勘探实践与地质研究表明，南海北部莺—琼盆地多源非生物CO_2资源相当丰富，尤其是莺歌海盆地中央泥底辟带浅层壳源型岩石化学成因CO_2资源潜力及地质储量规模大，其在国内外亦是罕见的（何家雄等，2007）。而且根据迄今油气勘探程度及壳源型CO_2成藏地质条件分析，预测该区CO_2资源$2\times10^{12}m^3$，而目前该区所获得的CO_2地质储量仅是其很少的一部分。

根据不同成因类型CO_2运聚成藏条件及其分布规律和特点，预测南海北部有利CO_2运聚富集区带及资源潜力区，主要有利区有：①莺歌海盆地中央泥底辟带西南部昌南区浅层及中深层；②中央泥底辟带乐东区浅层及部分中深层区块和东方区西南部浅层及部分中深层区块；③琼东南盆地东部松南—宝岛凹陷周缘及Ⅱ断裂带附近；④珠江口盆地部分控盆、控凹的深大断裂附近和珠江口盆地南部深水区白云—荔湾凹陷深大断裂分布区。如珠三南深大断裂及东沙隆起北断裂周缘和荔湾凹陷周缘深大断裂处等区域。上述这些区域均具备CO_2运聚成藏的有利地质条件，CO_2资源潜力大，颇具CO_2资源潜力及勘探前景。

七、典型油田——蓬莱 9–1 油田

（一）油田概况

蓬莱 9–1 油田位于渤海东部海域，西北距旅大 32–2 油田约 45km，油田范围内海水平均水深约 25m，区域构造上处于庙西北凸起上。

蓬莱 9–1 油田钻井揭示地层自上而下依次为第四系平原组（Qp）、新近系明化镇组（$N_{1-2}m$）和馆陶组（N_1g）、中生界侵入花岗岩、元古界变质岩。油田主要含油层系为新近系明化镇组、馆陶组和中生界。

截至 2017 年年底，蓬莱 9–1 油田探明石油地质储量为 $2.7 \times 10^4 m^3$，探明溶解气地质储量为 $53.5 \times 10^8 m^3$。蓬莱 9–1 油田是渤海湾地区乃至国内目前已发现规模最大的中生界花岗岩潜山油田。

（二）勘探历程

1995 年该地区进行了重力、磁法和二维地震采集和评价研究，通过二维地震资料进行重新处理，落实了蓬莱 9–1 构造类型和圈闭规模。2000 年 4 月，Phillips 公司在蓬莱 9–1 大型背斜构造高部位钻探了 PL9–1–1 井，该井位于明化镇组下段、馆陶组圈闭较高部位，位于潜山南北高点之间鞍部，完钻井深 1529m，完钻地层岩性为中生界侵入花岗岩。钻井揭示新近系明化镇组和馆陶组地层直接覆盖在花岗岩潜山之上。明下段和馆陶组发现油层 22.8m，主要集中在馆陶组，原油密度 $0.987 g/cm^3$；中生界花岗岩测井解释储层 125.4m，对花岗岩潜山内幕进行测试，折算日产原油 $18.1m^3$，日产气 $425.8m^3$，原油密度 $0.977\ g/cm^3$。PL9–1–1 井的钻探发现了蓬莱 9–1 含油构造。但 Phillips 公司认为该区油质稠、产能较低，经济效益差，在海域不具有开发价值而放弃对该构造的评价。2009 年矿区回归，中海油从区域入手，精细研究成藏条件，确定该区具备形成大型油田的条件。

2009 年 12 月在距离 PL9–1–1 井东北方向 1.25km 处的构造较高部位部署钻探了 PL9–1–2 井，完钻井深 1505m，完钻地层岩性为中生界花岗岩。该井在新近系解释油层 88.4m，气层 1.2m，潜山解释储层 74.8m。本井尝试新的完井

方式和测试手段，共进行3层测试，潜山、馆陶组和明下段折算产能分别为日产油31.8m^3、28.1m^{3}和26.2m^3，证实了新近系明下段和馆陶组及中生界花岗岩潜山均具有一定工业产能，初步计算储量规模过亿吨。

2012年初，为了探索潜山南山头高点含油气性，首选在潜山南山头斜坡区进行风险钻探PL9–1–3井、PL9–1–6井。PL9–1–6井钻探结果潜山岩性为元古界变质岩，储层不发育，录井无显示；PL9–1–3井在新近系取得了预期的效果，但在潜山钻探失败，潜山岩性与PL9–1–6井一致，为元古界变质岩。潜山高点勘探失败后，经综合分析，认识到潜山花岗岩储层主要分布在鞍部，花岗岩出露面积大约110km^2，并在潜山鞍部部署4井、5井，钻探结果达到预期效果，潜山岩性为花岗岩，而且储层发育，物性好，发现大量的油气显示，油层在100m以上。同时，在提高产能方面，通过技术创新，在PL9–1–5井的测试中，喜获日产原油110.1m^3。

但在PL9–1–4井、PL9–1–5井探取得成功的同时，发现油水界面不统一的新问题，因此部署了7井、8井、9井等评价井。随着7井、8井的钻探，发现构造部位越低，发现的油层底界越深，但油层整体厚度都在120m左右，证实花岗岩潜山“似层状”油藏模式。同时，PL9–1–9井的钻探也证实北山头断层下降盘为变质岩，与岩性边界预侧吻合。

按照“似层状”油藏模式继续部署评价井，含油面积不断扩大，储量规模不断递增，直到钻至PL9–1–17井，通过测试出水，证实油水界面在–1600m，含油面积达到80.2km^2。2012年10月，经国家储委审查批准，蓬莱9–1油田潜山探明储量1.8×10^8t。该油田是渤海海域迄今为止最大的花岗岩潜山油藏。

（三）构造特征

蓬莱9–1构造潜山圈闭发育受中生界花岗岩岩体分布和构造形态共同控制，有利圈闭区位于潜山鞍部花岗岩分布区，存在多个构造高点。圈闭的南、北上倾方向为元古界致密变质岩遮挡，东侧上倾方向为断层遮挡，为地层–岩性复合圈闭，闭合幅度为500m，圈闭而积为80.2km^2。

蓬莱9–1构造新近系是在潜山背景上继承性发育的大型复杂断鼻构造，上倾方向受庙西北凸起东侧边界大断层控制。圈闭主要为依附于庙西北凸起东侧边界大断层上升盘的断鼻、断块圈闭，中东侧边界大断层控制。圈闭主要为依附于庙西北凸起东侧边界大断层上升盘的断鼻、断块圈闭，中北侧被一系列近北东向的断层复杂化，南侧被一系列北西向的断层切割、分解。该圈闭群的累计圈闭面积为 64.6km^2，高点最浅埋深 655m（夏庆龙等，2013）。

（四）储层特征

蓬莱 9–1 油田，花岗岩主要为花岗闪长岩和二长花岗岩，花岗岩为裂缝型、孔隙型和孔隙 – 裂缝混合型储层。花岗岩潜山由表及里，储集空间由孔隙型→裂缝 – 孔隙型→孔隙 – 裂缝型→裂缝型逐步演化。孔隙型、裂缝 – 孔隙型储层经过强烈风化、淋滤作用，溶蚀孔发育，见晶内和晶间溶蚀孔，其中晶内溶孔以斜长石和角闪石溶孔为主。目前潜山计算的储量主要分布于孔隙型和裂缝 – 孔隙型储层带内，该储层段的厚度为 13.5~174.0m，其中纯孔隙型储层段的厚度为 7.5~29.0m，裂缝 – 孔隙型储层段的厚度为 0~166.5m。储层平面厚度存在较大差异，但该带横向连续分布，储集物性好，横向连通性强，平均孔隙度为 8.5%，致密隔层厚度一般小于 10m。孔隙 – 裂缝型、裂缝型储层风化、淋滤作用变弱，溶蚀孔较少，主要为裂缝，成像测井解释的裂缝以中低角度缝偏多。该储层段厚度为 28.0~185.0m，物性相对较差，横向非均质性增强，平均孔隙度为 7.4%，厚度大于 10m 的致密隔层较多。测井解释花岗岩有效储层的孔隙度为 4.0%~22.4%，平均为 8.3%，为中孔储层级别。利用花岗岩的压力测试资料，试井解释的有效渗透率为（65~1180）$\times 10^{-3}\mu m^2$。

蓬莱 9–1 油田新近系明化镇组和馆陶组储层主要为中、细粒岩屑长石砂岩，分选中等—好，次棱角—次圆状，岩心观察中底部冲刷构造常见，自然伽马曲线呈齿化箱形或钟形与箱形的复合形，粒度概率曲线呈两段式，以跳跃组分为主。明下段、馆陶组砂岩处于早成岩 B 期，储集空间类型主要为粒间孔，孔隙连通性强，局部孔隙在扫描电镜下见高岭石和伊 / 蒙混层等黏土矿物填充。砂岩储层物性好，孔隙度分布范围为 28.5%~37.8%，平均值为 33.8%，渗透率分布范围为（52.1~9172.7）$\times 10^{-3}\mu m^2$，平均值为 3495.4 $\times 10^{-3}\mu m^2$，属于特高孔、特高渗储层。

（五）油藏特征

蓬莱 9–1 油田包括新近系和潜山两套成藏层系。新近系油藏主要受构造控制，油层富集在构造高部位，纵向上发育多套油水系统，平面上不同断块油水界面不同。明化镇组和馆陶组上部主要为构造层状油藏，馆陶组下部油层为岩性油藏。蓬莱 9–1 潜山油藏主要受储层条件控制，潜山上部孔隙型、孔隙 – 裂缝型储层发育，横向分布连续性好，原油充满度高，主力油层似层状分布在潜山顶部，为“似层状”油藏。潜山中下部孔隙 – 裂缝型、裂缝型储层段内油层横向连通性差，为岩性油藏，同时还存在部分孤立分布的水层。

原油为重质稠油，花岗岩体内原油密度（20℃）为 0.950~0.978g/cm^3，地层原油黏度为 100~200mPa · s，单井测试最高日产油量约 110m^3。新近系原油密度（20℃）为 0.987~0.995g/cm^3，地层原油黏度在 1000mPa · s 以上，单井测试最高日产油量约为 32m^3。

油藏内地层流体压力系数为 1.00，压力梯度为 0.98MPa/m，温度梯度为 3.6℃ /m，属正常压力和温度系统。

第五章
南海天然气水合物成藏及分布

一、天然气水合物概况

天然气水合物，也称气体水合物（gas hydrate），是由天然气与水分子在高压（大于 100 大气压或大于 10MPa）和低温（0~10℃）条件下合成的一种固态结晶物质。

天然气水合物研究是当代地球科学和能源工业发展的一大热点。该研究涉及新一代能源的探查开发、温室效应、全球碳循环和气候变化、古海洋、海洋地质灾害、天然气运输、油气管道堵塞、船艇能源更新和军事防御等，并有可能对地质学、环境科学和能源工业的发展产生深刻的影响。

天然气水合物是全球第二大碳储库，仅次于碳酸盐岩，其蕴藏的天然气资源潜力巨大。据保守估算，世界上天然气水合物所含天然气的总资源量约为（1.8~2.1）$\times 10^{16}m^3$，其热当量相当于全球已知煤、石油和天然气总热当量的 2 倍，也就是说，水合物中碳的总量（约为 $11 \times 10^{18}g$）是地球已知化石燃料中碳总量的两倍。即使是针对某一个国家，其海域水合物资源量也是巨大的。例如，美国海域天然气水合物资源量约有 $5663 \times 10^8m^3$，其蕴藏的天然气资源量约有 $92 \times 10^{12}m^3$，可以满足美国未来数百年的需要。

天然气水合物埋藏在深海，水合物矿藏赋存于海底以下 0~1500m 的沉积层中，而且多数赋存于自表层向下厚数百米（500~800m）的沉积层中。

天然气水合物矿层一般厚数十厘米至数百米，分布面积数万到数十万平方千米，单个海域水合物中天然气的资源量可达数万至数百万亿立方米，规模之大，是其他常规天然气气藏无法比拟的。如美国东部大陆边缘有一个 30 海里

×100 海里的布莱克海台，其水合物蕴藏的天然气资源量非常巨大，相当于约 180×10^{8}t 油当量。

天然气水合物的能量密度极高。在标准状态下，水合物分解后气体体积与水体积之比为 164∶1，也就是说，一个单位体积的水合物分解至少可释放 160 个单位体积的甲烷气体。这样的能量密度是常规天然气的 2~5 倍，是煤的 10 倍。

天然气水合物分解释放后的天然气主要是甲烷，它比常规天然气含有更少的杂质，燃烧后几乎不产生环境污染物质，因而是未来理想的洁净能源。

甲烷是一种温室效应极强的温室气体。每分子甲烷蓄热能力是每分子 CO_2 的 27 倍，如以质量计则甲烷的气候增温效应是 CO_2 的 10 倍。在正常情况下，大气中甲烷只占温室气体的 15%，其对全球温室效应的影响排在 CO_2 之后。但是，全球水合物中甲烷量是如此之大，占地球上甲烷总量的 99% 以上，大约是大气中甲烷量的 3000 倍，一旦海水温度或压力发生变化，海底甲烷从水合物中释放，可导致全球气候迅速变暖。地史时期海平面剧烈变化、海底地壳活动都有可能引起海底水合物分解，从而导致甲烷气泄漏，并引起全球气候变暖。在地史上，地球上水合物中天然气泄漏也不一定全是灾难性的，也可能起着平衡气候的作用。当全球变冷时，因海平面下降而引起海底压力减小，进而导致海洋水合物分解，甲烷释放到大气中，温室效应将阻碍全球变冷趋势，使得气候波动趋于平缓；当海平面上升时，极地水合物因气候变暖而失稳分解，甲烷释放到大气中，导致气候变暖加剧，气候变化失去平衡。但是，一旦人为导致水合物中甲烷气大量泄漏，将会引起全球气候迅速变暖，从而灾难性地威胁着人类生存环境。这是人类开发水合物之前必须高度重视的首要问题。水合物中甲烷的释放可能极大地影响人们对过去和未来气候的认识。

天然气水合物的生成和分解都有可能产生灾害。主要有以下三种灾害：①油气管道堵塞在高纬度永冻土带及极地地区，水合物的生成可以堵塞诸如油井、油气管道等油气生产 设施，从而构成灾害。②海底滑坡在海底，天然气水合物是极其脆弱的，轻微的温度增加或压力释放都有可能使它失稳而产生分解，从而影响海底沉积物的稳定性，甚至导致海底滑坡。海底滑坡会对深海油气钻探、输油管道、海底电缆等海底工程设施构成危害。③海水毒化一旦海底天然气水合物因突发因素而失稳分解，大量的甲烷气体将进入海水，结果是海水被还原，造成缺氧环境，进而引起海洋生物大量死亡，甚至导致生物绝灭事件发生。

二、南海天然气水合物勘探历程

我国海域天然气水合物资源调查研究工作起步较晚。从1995年原地质矿产部设立天然气水合物调研项目开始，至今大致经历了如下四个阶段。

（一）1995—1998年初期调研阶段

20世纪90年代初，国内有关科研院所、大专院校开展了少量的天然气水合物情报跟踪、前期研究和合成实验。1995年，原地矿部和大洋协会设立“西太平洋天然气水合物找矿前景与方法的调研”“中国海域天然气水合物勘测研究调研”等研究项目，由中国地质科学院矿产资源研究所、地质矿产信息研究院、广州海洋地质调查局等单位承担，对天然气水合物在世界各大洋中的形成、分布及其在地质灾害和全球气候变化等方面的影响进行了初步研究，明确指出我国近海海域具有天然气水合物成矿条件和资源远景。

（二）1999—2001年立项调查阶段

1999年，原国土资源部中国地质调查局正式启动“西沙海槽区天然气水合物资源调查与评价”项目，1999—2000年连续两年在西沙海域进行了天然气水合物资源调查。首次在西沙 海域发现了天然气水合物存在的重要地球物理标志——似海底反射（BSR），初步确认了天然气水合物的存在。

（三）2002—2011年南海北部重点调查阶段

2002—2011年，以南海北部为重点全面开展了天然气水合物资源调查评价，在南海北部西沙海槽、神狐、东沙及琼东南海域四个地区有重点分层次开展了不同测网密度的天然气水合物资源调查，对我国海域水合物资源远景进行了综合评价。初步测算南海北部陆坡天然气水合物远景资源量；在神狐海域实施了钻探验证，取到了天然气水合物实物样品，实现新突破。初步建立了特殊地质构造对水合物形成和分布的地质模型，也对南海北部陆坡水合物形成的模式进行了初步探讨。

（四）2011年至今勘查试采阶段

自2011年开始，在前期调查评价基础上，优选钻探目标，实施井位建议优选，在不同年度分别在南海北部珠江口盆地东部海域、神狐海域、珠江口盆地西部海域实施了钻探，获得了天然气水合物实物样品，实现了南海北部天然气水合物资源找矿新突破，为后续的试采井位优选、首次天然气水合物试采成功打下了坚实基础。同时，为了扩大南海天然气水合物资源远景区，也首次开展了南海南部天然气水合物勘查，勘查实践表明，南海南部具备良好的水合物成矿条件及资源前景。

三、天然气水合物成藏条件

（一）地质构造特征

南海北部，北以海南—万山结合带与东亚大陆构造域相接，西为南海西缘断裂带，东界以巴布延脊—菲律宾海沟俯冲带与西太平洋构造域为邻。

从区域构造演化历史看，南海北部大致经历了由断陷演变为坳陷的地史历程。古生代晚期—中生代南海北部边缘为海相环境；中侏罗世—早白垩世早期为隆起抬升期；晚中生代—古近纪形成断陷盆地，成为南海区早期构造的雏形；晚渐新世—早中新世，珠江口—琼东南盆地逐渐进入断陷阶段，这也是南海北部断陷的结束时期，与之相应形成了断陷期陆相和海陆过渡相沉积层序。中中新世以后南海北部陆缘进入构造坳陷阶段，形成了以海相沉积为主的沉积。

（二）地层沉积

1. 侏罗系

南海东北部台西南盆地，钻遇中生代侏罗纪海陆过渡型沉积。早侏罗世海侵范围较大，珠江口盆地珠一坳陷东部和台西为浅海相沉积，在台湾西部井内为黑色页岩沉积。中—上侏罗统缺失。侏罗系与下白垩系之间为不整合接触。

2. 白垩系

岩性以黑色泥页岩为主夹薄煤层，最大厚度近2000m，属非海相或过渡相沉积。推潮州坳陷也存在类似沉积。下白垩统由砂岩和页岩夹薄煤层及含鲕灰岩和白云岩，属浅海或滨海相沉积，最大厚度为1539m。上白垩统常以不整合于渐新统之下

3. 古新统

灰色砂岩、含砾砂岩夹泥岩为主的一套陆相—海陆过渡相地层，主要分布于坳陷中。

4. 始新统

黑色泥页岩与砂岩互层夹砂砾岩、局部夹煤层的湖相或滨海相沉积，最大沉积厚度超过1000m。

5. 渐新统

灰黑色砂岩夹泥岩为主的一套海陆交互相或浅海相沉积。厚度一般为400~700m，局部为0~300m。

6. 新近系—第四系

为浅海—半深海相碎屑岩和碳酸盐岩沉积。厚度一般为1000~5000m。

（三）热流特征

大地热流是反映岩石圈热状态的重要参数，由于深部高温地幔对陆壳边缘强烈作用，并发生多中心的局部海底扩张而形成。先前已经有很多的国内外学者对南海的热演化历史进行了比较全面的研究工作。汪集旸（1995）曾收集到南海热流大量数据，认为整个南海海域是一个具有高热流背景的地区。高热流值位于万安滩、曾母盆地和中央海盆的西南海盆，热流值全部在120mW/m^{2}以上，但不同地区仍有明显的差别，吕宋海槽平均热流值最低。另外，西沙海槽附近，湄公盆地、台西南盆地和南沙等几个区域的热流值也均较低。

（四）天然气水合物资源潜力及有利区

南海具备良好的天然气水合物成矿条件，水合物资源潜力巨大。台西南、东沙南、神狐东、西沙海槽、西沙北、西沙南、中建南、万安北、北康北、南沙中、礼乐东区块初步评价水合物资源潜力巨大。

1. **地质特征**

南海北部天然气水合物成藏区处于欧亚、印—澳及太平洋三大地块的交汇处，中生代为构造活动区，以隆起为主导，新生代早期开始拉张断陷，晚期为沉降坳陷阶段。各盆地内发育深水阶地、海台、海脊、海山、海丘、海岭、海沟、海槽、陡坡及陡坎等，同时，还发育一些岛屿，如东沙群岛、西沙群岛及中沙群岛等，这些地理地貌环境对天然气水合物的形成起到了重要的控制影响作用。同时，南海北部深水区沉积盆地巨厚富含有机质的陆源粉砂质黏土、富含生物的钙质软泥等沉积物，含丰富的烃类气体，还具丰富的中浅层及深层热解气及多个油气田等，为巨大气源，进而为形成天然气水合物资源提供充足条件。

2. **热力学条件**

从前述论述可知，南海北部具有较高的热流值，平均热流值为 78.3mW/m^2。南海北部的热流大致分为三个区，中北部为热流相对低值区，热流值范围在 50.0~75.0mW/m^2 之间；中部（神狐暗沙—西沙海槽北坡一带）为热流高值区，热流值最高超过 105mW/m^2；西南部为相对低的热流区，热流值范围在 60.0~90.0mW/m^2 之间。

3. **构造控藏**

国外研究调查结果表明，在大陆边缘均发现有丰富的天然气水合物资源，大陆边缘因其具有充足的物质来源、良好的运移通道和合适的温压条件，成为水合物形成的有利场所。

南海北部陆缘基底构造复杂，断裂发育，新构造作用活跃火山喷发和地震等。由于受到北东、北东东向断裂的控制，发育有深海槽、海底高原、陆坡台地、海底陡坡和海底谷等各种特殊构造地貌或地质体等，有利于天然气水合物成藏的地质构造环境及构造体。

1）*南海北部活动断裂*

南海北部活动断裂主体为正断层，剖面上深部断距大而浅部断距较小。活动断裂格局主要继承了燕山期基底的断裂构造格局，第四纪以来新生的断层主要发育盖层当中。据统计新近纪仅在珠江口盆地中新世晚期以来的活动断裂达 1400 余条。从断裂组合的走向上来看，可以将南海北部陆缘的断裂分为北东、北东东—东西和北西向三组，控制了绝大多数 5 级以下地震的分布空间和位置。

（1）北东向断裂体系：属于深大断裂，断层切割地层年代跨度很大，而且北东向断裂控制了本区陆坡整体走向和地形地貌的发育。主要活动于早白垩世晚期至始新世，沿断裂带发育有大量中生代花岗岩和中酸性火山岩，并控制了新生代早期的玄武岩分布。晚渐新世即南海第一次海底扩张结束以来，北东向断裂的性质转化为张扭性，控制了大量箕状断陷的北东东向陆倾断裂组。上新世—第四纪期间北东向断裂依然具有活动性，如新近纪—第四纪的玄武岩分布，后期，北东向断裂被北西—北西西向断裂切割而分段。北东向断裂活动引起了地震，由地震诱发的一系列次生灾害形成了地震、滑坡、气烟囱等。

（2）北东东—东西向断裂系：与北东向断层一样，北东东向断层在中生代时期为压扭性断裂，由压扭性转变为张性断裂，由一系列近似平行的正断层组成，晚渐新世—上新世活动强烈。北东东向断裂在南海北部陆缘分布范围大、数量多，但规模小。北东东向断裂控制着一系列新生代箕状断陷，是南海北部的主要构造－沉积格架，沿南海北部分布的北东东向以及近东西向的断裂也控制了玄武岩的分布。

（3）北西向断裂系：形成于新生代早期。在南海北部地区，北西向断裂切截其他方向的断裂并且与北东东向断裂呈棋盘装交错排列，使得南海北部形成了“南北分带，东西分块”的构造格局。

2）地震分布

地震作为活动构造的一种表现形式，受断裂控制，也可以引起滑坡、天然气水合物分解等次生灾害的发生，是灾害链形成的主要因素。对南海 1970 年至今二级以上地震的震中统计表明，南海北部地震活动主要集中在滨海带以及坡折带，震源深度浅，多数小于 4 km，属于浅震。震源在南海北部的东北部分布较为密集，呈线性分布，走向为北东向，在北东向断裂与北西向断裂交切处，是地震应力集中的部位。

3）气烟囱特征及与天然气水合物成藏关系

在天然气水合物稳定域及其之下，高渗透带和泥火山也可以作为中深部上升烃类流体向上运移通道，成为对天然气水合物成藏最为关键的因素。气烟囱是活动断裂或裂隙带的反映，也与天然气水合物的形成及分布密切相关。作为流体运移通道不断地将气源向水合物稳定带渗漏，并在合适的温压条件下形成天然气水合物（图 5-1）。

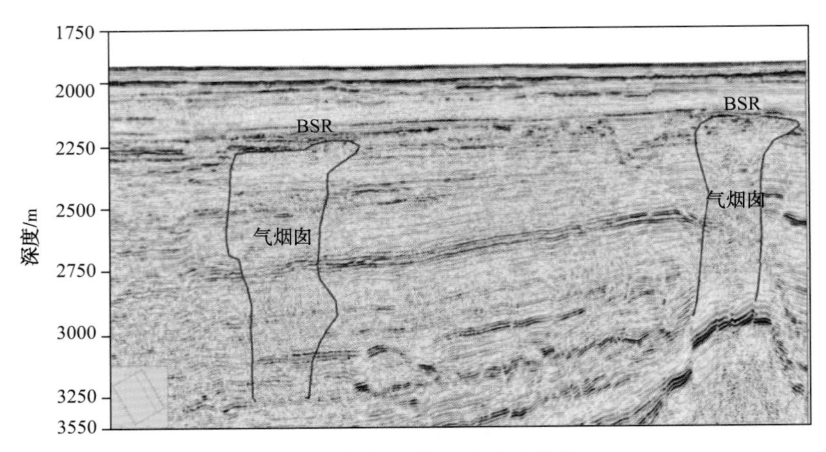

图 5-1　气烟囱的地震响应特征

4）火山岩分布

上新世—晚更新世时期，南海北部陆缘产生大规模张性断裂，沿张性断裂有大量的火山岩分布，以玄武岩、枕状玄武岩、橄榄玄武岩、橄榄玻基玄武岩为主，它们分布在南海北部断陷中。既有海相喷发，亦有滨海相和陆相喷发。

南海北部陆缘第四纪火山岩主要分布在雷州半岛南部、海南岛北部以及北部湾、珠江口盆地的断裂发育带。

5）海底滑坡

上新世—全新世时期，南海北部浅海底由于构造运动及水合物沉积层易受外界温压变化的影响发生失稳分解，诱发海底滑坡。海底滑坡构造分布范围主要在斜坡区和古三角洲前缘。在滑坡的根部多发育有犁式断裂，形成了一系列滑坡阶地。

通过对从南到北、由西到东的顺序，选取了三条穿过海底滑坡的地震剖面（图 5-2）做进一步分析。图 5-2 中（a）（b）滑坡分布在琼东南盆地，（c）滑坡位于珠江口盆地的白云凹陷，这三处滑坡的后壁与陆架坡折的走向近似平行。根据（a）（b）滑坡卷入的地层时代可推测滑坡自上新世开始发育，主体在第四纪最为发育，为多期多次大型海底滑坡。（c）也是一个多期次的海底滑坡。

4. 沉积相控藏

研究表明，沉积环境及沉积相、沉积速率、岩性和粒度等是天然气水合物形成的沉积主导因素。沉积速率较高、沉积厚度较大、砂泥比适中的三角洲、浊积扇、滑塌沉积、等深流等各种重力流沉积是天然气水合物发育较为有利的相带，而沉积速率是控制水合物聚集的最主要因素。

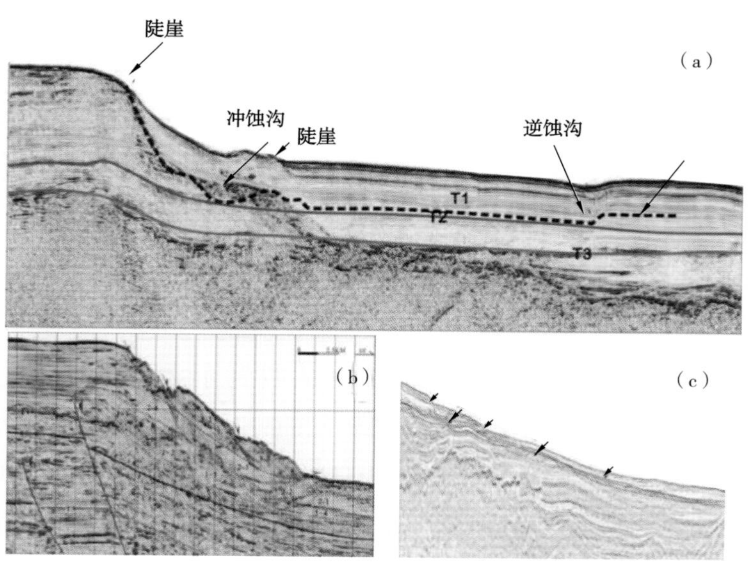

图 5-2 滑坡纵向剖面特征

W P Dillon 等（1998）通过对美国大西洋边缘天然气水合物的研究，因为沉积速率高的区域易形成欠压实区，从而可构成良好的流体输导体系，因而有利于水合物的形成与成藏。大多数海洋天然气水合物为生物甲烷气（Kvenvolden 和 McMenamin，1980）。快速沉积的半深海沉积区聚积了大量的有机碎屑物，由于迅速埋藏在海底未遭受氧化作用而保存下来，并在沉积物中经细菌作用转变为大量的甲烷（Claypool 和 Kaplan，1974）。此外，有学者认为高沉积速率可以导致盆地热流值降低，从而有利于水合物的形成（C C Diaconescu，2001）。因此，在快速沉积区，结合气源分析，通常可预测存在丰富的天然气水合物。在东太平洋边缘的中美海槽区，赋存天然气水合物的新生代沉积层的沉积速率高达 1055m/Ma；西太平洋美国大陆边缘中的 4 个水合物聚集区中，有 3 个与快速沉积区有关，其中布莱克海台晚渐新世—全新世沉积物沉积速率可达 16~19cm/ka（Mountain 和 Tucholke，1985）。

沉积物的性质对于水合物的形成与分布也具有重要的控制作用，海洋天然气水合物主要产出于颗粒较粗的软性未固结的沉积物中，如含砂软泥，沉积物的粒度较大、孔隙度较大。目前世界海域发现的水合物主要呈透镜状、结核状、颗粒状或片状分布于细粒级的沉积物中。

根据水合物调查浅表层样品分析，圈出了有机碳含量大于0.8%的5个高含量区：东沙群岛东北部、东沙群岛东南部、东沙群岛西部、西沙海槽西端和西沙群岛西部。

根据水合物的形成与发育对沉积条件的要求来看，三角洲、扇三角洲以及滑塌扇、浊积扇、斜坡扇和等深流等各种重力流沉积是天然气水合物发育较为有利的相带，主要分布于东沙群岛南部—台西南区、神狐暗沙—东沙群岛区、一统暗沙南部区、西沙海槽—西沙群岛西部陆坡区等。

5. 气源条件

南海北部广泛分布新生代沉积盆地。从西到东大型的盆地主要有琼东南盆地、珠江口盆地、西沙海槽盆地、双峰盆地、台西南盆地等。莺歌海盆地和琼东南盆地位于海南岛周围，目前是中国海域的主要产气区。两个盆地的面积达$16.6 \times 10^4 km^2$，新生代沉积厚17km。目前，已在盆地中发现了YC13–1、DF1–1、LD22–1和LD15–1等大中型气田。初步预计上述两个盆地的天然气储量达$1.5 \times 10^{12} m^3$，是未来中国海域的主要产气盆地。珠江口盆地面积约$18 \times 10^4 km^2$，新生代沉积超过10km。盆地中古近系文昌组和恩平组为生油层，2006年在珠江口盆地白云凹陷实施的LW3–1–1井获得天然气重大发现，初步估算天然气资源超过$1000 \times 10^8 m^3$，证明珠江口盆地白云凹陷是一个有利的油气富集区。台西南盆地位于广东东部，其东部已进入台湾岛。盆地呈北东走向，面积$4 \times 10^4 km^2$。盆地的构造发育史和珠江口盆地相似，新生代沉积厚度约2~10km，生烃潜力巨大，具有良好的油气资源前景。目前的天然气水合物成藏研究表明，这些油气资源是天然气水合物热成因气源的主要来源。

四、南海北部东沙海域天然气水合物成矿条件

南海东北部的海相沉积有适当的沉积厚度，处于适宜形成天然气水合物的温压域内，有一定的甲烷生成潜力。从东沙群岛海域的地震反射记录中，可以观察到天然气水合物存在的证据——似海底反射（BSR），表明该区可能分布有广泛的天然气水合物。东沙群岛海域的构造沉积格架与甲烷的生成和大量水合物沉积可能存在直接联系；各种快速堆积的沉积体系（如滑塌块体、等深流沉

积、浊积扇及三角洲）前缘，是天然气水合物富集的有利沉积相带，其中等深流沉积和滑塌块体推测为最有利天然气水合物聚集的沉积体。

（一）构造条件

东沙海域位于南海北部，邻近吕宋岛，既受到南海中央盆地扩张的作用，也受到菲律宾地块向西的挤压作用，它的形成与发展受到这几种地质作用的控制。自南海扩张以来，主要存在着两期构造运动，即东沙运动和流花运动。东沙运动发生在晚中新世末到早上新世初（9.8~4.4Ma），流花运动出现在早更新世（1.87~1.4Ma）。东沙隆起带位于十分活跃的构造作用区，东面则是沿马尼拉海沟边缘，北部为残留的火山弧—彭湖凸起。

从地震解释结果来看，东沙海域主要发育北东—北北东和北西向两组断裂系统。它们是控制东沙隆起区凸起与凹陷的界限，并且具有继承性，至今仍十分活跃。北东向正断层与北西向断裂相互交切，垂直断距通常达到1000~1500m，最大可达3000m。东沙隆起南缘发育一系列北东向正断层，密集性大，整体逐渐下降至南海中央海盆，北东向断裂是东沙隆起和南海中央海盆之间的过渡带的重要变形构造。沿该断裂带剩余磁力异常呈串珠状向东北延伸，脊状的底劈构造极为发育。

Milkov强调构造对水合物的控制作用，认为特殊的构造活动对水合物富集具有重要的控制作用，如活动断裂系统、泥火山或其他的构造，能够形成气体运移通道。

（二）沉积条件

沉积环境及沉积相、沉积速率、岩性和粒度等是天然气水合物形成的沉积主导因素。沉积速率较高、沉积厚度大、有机碳含量高的区域以及三角洲、浊积扇、滑塌沉积、等深流等沉积相带是天然气水合物发育较为有利区带。

1. 沉积相

重力流沉积和半远洋（近海）沉积物，尤其是滑塌扇等深流以及浊流等阵发性、快速沉积事件的产物，由于其往往具有大量悬浮物质，快速沉积，沉积物的孔隙空间较大，能够成为天然气水合物的良好储集层。此外，在这些快速堆积的沉积物中，往往存在局部的异常高压，有利于水合物聚集成藏。

2. 含砂率

大量的水合物岩心样品显示：与油气成藏不同，水合物可以在粉砂、粉砂质泥甚至泥中赋存。究其原因，是因为天然气水合物的发育与赋存主要是由温压条件决定的，特殊的温压条件，使天然气水合物一般赋存在海底相对较浅的沉积层中，该沉积层中的粒度较细的黏土表面积要比砂或砾等粗粒沉积物的大，从而导致了未经压实的较细的沉积物孔隙度比粗粒沉积物的大，有利于流体中携带的气体和水分子结合形成水合物。

3. 沉积速率

中国南海由于陆源沉积物供给充分，沉积速率较高，有利于流体中携带的气体和水分子结合形成水合物。

（三）气源条件

天然气水合物中甲烷气体的成因有 4 种：生物成因、热成因、油气田和三者混合成因。在分析形成天然气水合物的气体来源时，一般以甲烷 $\delta^{13}C$ 值 >–50‰为热成因气，以甲烷 $\delta^{13}C$ 值 <–60‰为微生物成因气；同样，C_1/（C_2+C_3）>1000，则指示微生物成因气体，<100 则为热成因气，界于两者之间的为混合气。目前世界上所发现的天然气水合物中所含的甲烷大多以生物成因为主，除俄罗斯的梅索亚哈气田、日本南海海槽以及加拿大麦肯齐三角洲等少数几个水合物分布区采集到的甲烷样品具有典型的热成因气特征外，在布莱克海台（ODP995、ODP997 和 ODP994 等站位）、墨西哥湾（Bernard 等，1997）、危地马拉岸外以及里海等水合物富集区采集的天然气样品，大多数由厌氧生物还原作用形成的甲烷生物气组成，甲烷 $\delta^{13}C$ 值 <0。

东沙群岛调查区浅表层地质样品的测试分析表明，浅表层沉积物酸解烃甲烷的碳同位素分析结果表明，$\delta^{13}C_1$ 值在 –39.83‰ ~–21.15‰（PDB）之间，平均值为 –33.39‰（PDB）；酸解烃的 C_1/（C_2+C_3）范围在 3.1~38.5 之间，平均值为 22.3。无论是酸解烃的分子组成，还是其甲烷的碳同位素特征，都表明调查区沉积物中的酸解烃属于热解气。然而沉积物顶空气样品中的 $\delta^{13}C_1$ 值分别为 –107.1‰（PDB）、–65.11‰（PDB）以及 –32.95‰（PDB），平均值为 –68.39‰（PDB），显示出混合气体的特征，这一结论与 ODP1146 站位顶空气的分析结果一致（蒋少涌等，2002）。由此可见，东沙海域浅部地层中的天然气有生物气和热解气两种来源。

1. 生物气

生物气的形成不仅要有有机质，同时还必须具备细菌生物生存和繁殖并适于细菌活性较高的地条件。因此，形成生物气的丰富程度取决于有机质丰度、

海洋深水区一般为缺氧还原，更有利于有机质保存，而且较厚的新生代沉物中含有大量的原生浮游植物和动物碎屑，所有这些物质均可被厌氧菌所消化，为天然气水合物形成提供充足的生物甲烷气。根据世界上已有的生物气地层资料分析，生物气形成的总有机碳含量一般要求大于0.5%，但是最近已有资料证实形成生物气仅要求源岩中有机碳含量达到0.12%即可（Dudley D Rice，1996）。通常生物气的生成温度范围界于常温~85℃，峰温为50~60℃。相对于甲烷水合物稳定的区间（>10MPa，0~10℃）来说，生物气形成于水合物层的下部。目前世界上已发现的生物气储量达$15.5\times10^{12}m^3$，约占全世界天然气总储量的20%。勘探表明在南海北部陆坡区诸盆地浅部地层中存在大量生物气，通过对莺琼盆地10余口探井分析发现，在第四系—上新统巨厚的泥岩夹砂岩中气测异常普遍存在（夏伦煜，1990），在珠江口盆地同时期的地层中泥岩含量达到80%以上（张启明，1992）。据测算，莺歌海盆地生物气为$0.31\times10^{12}m^3$，琼东南盆地为$0.22\times10^{12}m^3$（陈红汉，2001），已发现的生物气藏主要聚集在深度400~650m范围内。

在东沙群岛区，上新世以来沉积了较厚的地层，最厚处超过1500m，其余绝大部分地区介于200~500m之间。上—中新统厚度变化相对较小，局部一般超过500m，其余地区一般为100~200m。根据台南1井资料可知，上新统有机碳含量约为0.46%，干酪根类型为Ⅲ型，镜质体反射率为0.33%~0.68%，与其他源岩相比，该地层有机碳含量相对较低，尚处在非成熟阶段，但由于其厚度大，可能成为生物成因气的主要源岩。

地震相分析及地震速度研究表明，东沙海域大部分区域，上部地层的砂岩含量较低，以泥质岩沉积为主，其中上新统及其以上地层砂岩含量仅为0~25%，大部分地区泥岩达到80%以上。上中新统砂岩含量小于50%，总体而言，泥岩含量普遍较高。两套地层均以浅海—深海碎屑岩沉积为主，具有较大的沉积厚度和较高的沉积速率，泥岩及有机质含量较高，热成熟度较低，为生物气的大量形成提供了物质保证。

据 Duelley D Rice（1996）分析，生物气可以形成于多种沉积环境及岩石类型中，除三角洲外，其中浅海及深水碎屑岩也是最有利于生物气形成和聚集的沉积相带之一。在浅海环境中，水体相对平静，阳光充沛，生物繁盛，尤其是浮游生物异常发育，泥质岩中有机质含量高，主要为Ⅱ型有机质。据有关资料统计，在浅海碎屑岩陆架中，源岩的有机碳平均含量可达 2% 左右；另一方面，在浅海区，沉降速率与沉积速率大体相当，有机质得以有效地保存，也有利于保持还原环境，对生物气的形成十分有利。如前所述，本区上中新统及其以上地层除局部发育浅海—深海碎屑岩沉积外，还大规模发育滑塌重力流沉积。有证据表明，在重力流（浊流）沉积的黏土中，有机质含量比深海黏土中的有机质更加丰富，可作为生物气的源岩。其有机质主要为草质和木质成分构成的Ⅲ型有机质，虽然有机碳含量有变化，但是有可能超过 1%（Mattavelli，1983）。据上述分析推断，在东沙陆坡区，具备形成大量生物气的地质条件，为天然气水合物的形成提供了气源保证。

2. 热成因气

热成因气也是形成水合物的重要气源，南海北部陆坡区一般存在古新世—始新世湖相泥岩和含煤系地层以及渐新世—中新世海相泥页岩两套烃源岩，以Ⅱ～Ⅲ型干酪根为主，有机碳丰度变化较大（下新生界为 0.35%~5%，煤系地层总有机碳含量约 20.17%，碳质泥岩含量高达 37.3%；中新统介于 0.4%~1.45% 之间）。有机质研究成果表明在中新世—第四纪陆架外缘至深海盆地，腐泥质含量增加，以Ⅱ型和少量Ⅰ型干酪根为主。由于晚期东沙海域地层快速沉降和充填以及高地温梯度，烃源岩快速通过生油窗，在气窗滞留时间较长，以生气为主。中生代地层如白垩系主要为Ⅲ型干酪根，总有机碳含量约为 1.56%，大多进入高成熟阶段。

1）中生界气源岩

根据前人研究成果，在粤东沿岸地区，上三叠统—下侏罗统的海湾—浅海相页岩中有机碳含量达 0.21%~1.99%，镜质体反射率在 2.5% 以上，已达到过成熟阶段。在台西南盆 地，中生界主要分布在东沙群岛及其以东一带，在陆坡深水区分布最为明显，厚度超过 5000m，往东厚度逐渐减薄到 1000~2000m。根据台湾西南海域的钻井资料（CFC–1、A–1B 井）揭示，该地层主要为晚侏罗世—白垩纪的海陆过渡相—海相碎屑岩及煤系地层。其北缘的北港隆起万兴1井中灰黑色泥岩有机质含量为0.573%~0.808%，镜质体反射率为0.62%~1.69%。可作为本区重要的热成因气源层来看待。

2）古新统—下渐新统气源岩

古近系沉积层分布范围较为局限，主要分布在沉积坳陷中，在东沙隆起区大面积缺失。在珠一坳陷深水区一带，最大厚度达3000m以上；在台西南盆地，该地层分布特征是东薄西厚，在东沙东坳陷最大厚度约为2500m，在东沙南坳陷，最大厚度超过4000m。泥岩含量一般为20%~80%，在珠一坳陷以及东沙东坳陷区，泥岩含量可达50%~70%甚至更高。根据钻井资料推测，该地层主要为陆相沉积层，烃源岩为相应的湖相及沼泽相暗色泥岩。在珠江口盆地中始新统为重要的区域性烃源层；在东海的平湖组和灵峰组上段，有机质丰度较高，分别为0.4%和2.28%，干酪根类型为Ⅱ~Ⅲ型，具有中等—良好的生烃潜力。由此类推，在台西南盆地，古新统—始新统亦可能发育较好的烃源岩。根据盆地热演化模拟结果（吴进民等，1989），台西南盆地古新统—始新统烃源岩的生油门限为1600~1800m，始新世末，该地层下部在坳陷区已进入生油门限，渐新世末局部已经进入生气阶段，至今该地层在坳陷区已处在干气或湿气生成阶段。因此该地层为本区的主要气源层。

3）上渐新统—中中新统气源岩

是主要的烃源岩，具有较大的生烃潜力。

4）下中新统—中中新统气源岩

广泛分布于全区，表现为东西厚、中间薄的沉积特征，沉积中心位于各坳陷部位，为一套海相沉积层。其中珠一坳陷沉积最厚，一般在1000~2200m，东沙东坳陷厚度相对较小，一般在500m上下变化，其余广大地区的厚度介于100~300m之间。该地层泥岩含量变化范围较大，为20%~90%，在东沙隆起区和笔架低隆起区上一般为40%~50%，局部低于40%，但在珠一坳陷以及东沙东坳陷的中部和南部，泥岩含量较高，超过60%，局部高达90%，具有较大的生烃潜力。

3. 已形成的油气田是重要气源

南海北部目前发现多个油气田（以天然气田为主），而且今后还会不断发现。这些油气田内断裂及裂缝和盖层条件不佳等因素，造成油气尤其是天然气滤漏失到海洋中可以成为天然气水合物的重要气源之一。

4. 混合气源

上述三种气源生物气、热解气及油气田气等混合在一起都可成为天然气水合物的气源。

综上所述，南海北部生物气十分丰富，发育多套中新生代烃源岩和气源岩。沉积厚度大，有机质丰度高，生气条件良好，局部已处在过成熟阶段，可形成与石油伴生的热降解气和裂解气，可为水合物的形成提供良好的气源条件，尤其是目前发现多个油气田，以天然气田为主。已经在坳陷的边缘部位断裂发育，构造活动强烈，为流体运移提供了良好的通道系统，深部形成的热解气及天然气田可通过这些断裂系统运移到浅部地层中直至在低温、高压条件下形成气体水合物矿藏。

五、南海北部神狐海域天然气水合物成矿条件

南海北部神狐海域天然气水合物范围位于珠江口盆地珠二坳陷，水深100~3000m，海底地势由西北向东南倾斜。水深500m以浅的地势平缓，陆坡中段水深700~1500m之间地势较陡，地形起伏较大，海底峡谷、滑塌体发育，研究已表明海底滑塌体、丘状体等与天然气水合物的形成和分解有关。水深超过1500m的陆坡下段地势趋于平缓，陆坡中下段水深1300~2000m之间海底凹凸不平，麻坑密布。海底麻坑地貌是由于地层中大量气体逃逸，造成局部地表塌陷而形成的。

南海北部神狐海域浅地层、单道地震剖面联合解释发现，该海域存在一系列与天然 气水合物密切相关的海底异常地貌、地层结构。在精细浅地层剖面上发现了陆坡丘状体、浅部断层以及由连续强反射层等构成的海底浅部含气带。在单道地震剖面识别出麻坑、气体渗漏柱、褶皱、似海底反射（BSR）等结构。BSR位于我国首次钻取的天然气水合物样品深度之下，判断其为该区水合物稳定带底界。依据ODP1148站深海钻井的地层厚度、沉积速率、测年等资料进行地层划分，识别出渐新统、中新统等地层

（一）构造条件

神狐海域，由于受南海区域构造运动特别是新构造运动的作用，区内断层

发育，且均为正断层，可分为北东、北西和北北西向三组断裂系统，其中北东向断层有明显切割北西向断层的趋势。从断层平面组合特征来看：中中新世与晚中新世地层分界以北西向断层为主，断层规模较大；上新世与晚中新世地层分界走向以北西向为主，规模大，为继承性断层；第四纪与上新世地层分界以近南北向断层为主要断层，规模相对较小，但断层发育极为广泛。这种特征反映了神狐海域中中新世以来新构造运动逐渐增强的过程。

逐渐增强的新构造运动导致了神狐海域滑塌等构造的广泛发育。大量的调查资料显示：珠江口盆地白云凹陷中心有大量构造发育在不同深度，形成了上覆拱张背斜。随着拱张，上覆地层产生了高角度的断裂和垂向裂隙系统，构成了流体运移的主要通道，大量气体向上运移，在地震剖面上表现为反射模糊区（带）。

神狐海域广泛发育的构造、高角度的断裂和垂向裂隙系统为流体运移提供了通道，当大量的气体通过底辟构造、断裂及裂隙系统垂向或侧向运移时，能够遇到合适的温压环境，形成天然气水合物。

（二）沉积条件

神狐海域天然气水合物主体位于珠江口盆地白云凹陷。珠江口盆地作为南海北部最大的于晚渐新世所形成断陷盆地，其构造格局具有“东西分块、南北分带”的特征，盆地坳陷带总厚度为9000~12000m，新近系、古近系厚度大致相等。白云凹陷地处珠江口盆地东南部，凹陷面积超过$2 \times 10^4 km^2$，水深200~2000m（大部分在500~1500m）。

珠江口盆地在纵向上可划分为下断上坳的双层结构和先陆后海的沉积组合。下结构层为古新统—下渐新统的陆相地层，自下而上为神狐组冲积相杂色砂泥岩夹凝灰岩、文昌组湖相灰黑色泥岩夹砂岩和恩平组湖泊—沼泽相灰黑色泥岩与砂岩互层夹煤层，其中文昌组是主要烃源岩发育段，上结构层由统一的海相坳陷沉积组成，其底部为三角洲相和滨岸相沉积，上覆海相砂岩沉积，局部基底高地上发育了生物礁滩（图 5-3）。

中新世以来较高的沉积速率能为本区天然气水合物的发育提供良好的沉积条件。

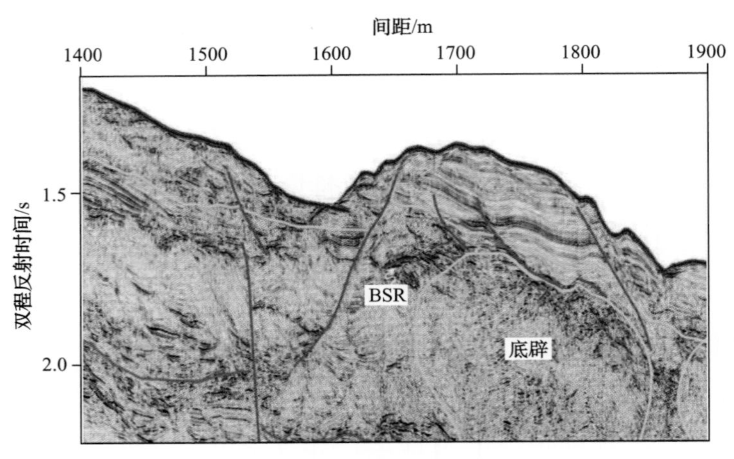

图 5-3　低背斜上拱式构造与 BSR

滑塌扇前端，中西部的 BSR 主要发育于层序 A 的斜坡扇，无论是层序 B 中的滑塌扇前端，还是层序 A 中的斜坡扇，其 Ps（地震预测的沉积物砂泥比）值一般介于 25%~37.5% 之间，粒度较细，但由于层序 A、B 埋深较浅，还没有固结成岩，孔隙度一般较大，根据地震速度计算的孔隙度值一般在 40%~60% 之间，有利于天然气水合物的发育和赋存。

（三）气源条件

神狐海域水合物调查区从北至南跨越了珠二坳陷南部、南部隆起、一统隆起区和双峰北盆地的一部分，覆盖面积广。其中珠二坳陷在调查区内面积约为 22430km^2，双峰北盆地在调查区内面积约为 5129km^2。珠二坳陷位于南海北部陆架—陆坡过渡带及陆坡区，有三个次级构造单元，由东至西分别为白云凹陷、开平凹陷和顺德凹陷。珠二坳陷与珠江口盆地北部珠一坳陷一样，具有“上断下拗”“下陆上海”的双层结构。古近系最大沉积厚度大于 8000m，为深湖—中深湖、滨浅湖及三角洲河湖相充填式沉积，是本区潜在的热解气源岩层。其中，始新统文昌组、渐新统恩平组已证实为本区的烃源岩层，新近系珠海组可能是潜在的烃源岩层。通过叠合各时期的地层厚度图分析发现，珠二坳陷是一个继承性沉积坳陷，又是本区的沉积中心，对油气的生成非常有利。文昌组和恩平组两套烃源岩在开平凹陷现正处在生、排烃高峰期，在白云凹陷已处在产生裂解气的阶段。LW3-1-1 井获得的天然气重大发现，充分证明了珠江口盆地白云凹陷是一个有利的天然气富集。

区内始新统（T6—T7）沉积厚度大体在0~1600m，在珠二坳陷沉积中心区，最大沉积厚度超过2100 m，砂岩含量约为30%~70%，在珠二坳陷一带，砂岩含量低于50%，岩性偏细，有利于烃源岩发育。有机地球化学分析表明，部分钻井油气显示层段的烃类物质 富含C_3a–4甲基甾烷，并且Ts>Tm、Pr/Ph=1，反映其母岩富含藻类和浮游生物，为还原环境的中深湖—深湖相沉积。从珠江口盆地北部的珠一坳陷的勘探结果看，上述有机地球化学特征是文昌组中深湖—深湖相烃源岩生成烃类的特征。

渐新统（T5—T6）厚度大体在0~1900m之间，调查区内珠二坳陷一带厚度均在600m以上，砂岩含量低于50%，岩性偏细，有利于烃源岩发育。有机地球化学分析结果表明，恩平组不仅具有较高的有机质丰度（TOC平均值>1.0%），而且油—岩之间具有可对比的关系，说明恩平组的确是珠二坳陷的良好烃源岩。珠海组烃源岩（下中新统）从已有钻井的有机地球化学分析结果看，珠海组总有机碳含量一般为0.5%~0.8%，最大可达2%，达到了一般烃源岩的指标。

下中新统—中中新统（T3—T5）厚度大体在400~2600m之间，在调查区内珠二坳陷一带厚度达800m以上，砂岩含量低于40%，非常有利于烃源岩发育。但是，目前在珠二坳陷的钻井均分布在凹陷边缘，随着沉积环境由近物源的凹陷边缘向凹陷中心变化，沉积物的有机质丰度肯定会有所增高。珠海组是珠二坳陷潜在的烃源区。

区内中中新统—全新统沉积厚度较大，为200~4400m，珠二坳陷的厚度超过1200m，最大达4400m。其中上中新统和上新统的最大厚度分别为3200m和1200m，珠二坳陷的厚度一般都超过400m。根据沉积相分析，调查区更新世—全新世以浅海—半深海—深海沉积为主，同时珠二坳陷的西北部和东北部分别发育有扇三角洲和滑塌体。通过地震速度测算，该时期沉积层中砂岩含量仅为15%~50%，大部分地区砂岩含量低于60%，以海相细粒沉积物为主。上新世以半深海—深海沉积为主，同时在珠二坳陷发育三角洲和滑塌体，在双峰北盆地区域还发育了浊积相。该时期沉积层中的砂岩含量大体在20%~60%之间，大部分区域砂岩含量低于45%，仍然以偏细粒沉积为主；上中新世以浅海—半深海沉积为主，同时在珠二坳陷发育三角洲和斜坡扇，调查区南部还发育有浊积相。该地层砂岩含量分布大体在25%~75%之间，大部分区域砂岩含量低于50%。由此可见，该地层不仅沉积厚度较大，而且泥岩及有机质含量较高。通过对珠二坳陷PY33-1-1井的研究认为（万晓樵等，1996），中中新世初期，生物生产力较高，并且有机碳的保存条件也比较理想，具有良好的生烃潜力。

神狐海域表层沉积物中有机碳含量较高，基本上每个层位有机碳的含量都高于0.5%。现场测试的所有样品中均检测到了甲烷和乙烷，这一特征反映了神狐海域浅表层沉积物中普遍存在游离气。值得注意的是，在浅表层发育BSR的区块，有的站位出现了随着深度的增加，顶空气甲烷的含量明显增加的现象，暗示了这些站位之下可能存在着一个烃类气体的供应源。

六、南海北部琼东南海域天然气水合物成矿条件

琼东南盆地面积约$4.5\times10^4km^2$，是在加里东、燕山期褶皱基底上形成的新生代断陷盆地，是我国重要的常规油气富集区，由陆架区、斜坡区和中央坳陷区组成，盆地内新生代沉积地层厚度较大，新近系上新统海相泥岩具有生物气形成的条件和良好的远景，新近系煤系地层普遍处于异常高压和高地温条件，具备形成热成因天然气的地质条件，是我国重要的常规油气富集区。初步估计，琼东南地区生物成因和热成因烃类气体的总资源量约为（4.02~7.13）$\times10^{12}m^3$，丰富的天然气资源为天然气水合物形成提供了充足的物质基础。

（一）构造条件

琼东南天然气水合物区位于我国南海北部的西南端，位于琼东南盆地南部，为新生代断陷盆地。新生代沉积地层厚度大，古近纪煤系地层普遍处于异常高压和高地温条件，具有形成热成因天然气的地质条件，是我国重要的常规油气富集区。此外，新近纪上新统和全新统海相泥岩具有生物气形成的条件和良好的远景，盆地丰富的热成因和生物成因天然气资源为天然气水合物形成提供了充足的物质基础。

中中新世—晚中新世时期，琼东南海域构造活动强烈，形成一系列北东向断层，一些大的断层横向延伸达数十千米，在纵向上，这些北东向断层可向下追踪，与深部大断裂相连，向上切穿上新世与第四纪分界面，个别甚至上延至

海底。在主生烃沉积凹陷中，往往可发现可能断至基底的断层存在。这些断层贯通了下部气源岩系与上部水合物稳定带，改善了天然气的垂向运移条件，而断层活动时间又横跨生气和排气高峰期，显然为该区水合物的形成创造了十分优越的构造条件。因此，在琼东南盆地，对于热成因的天然气水合物来说，断裂构造的发育对水合物的形成起到非常重要的作用。除断裂构造外，调查区内大量发育气烟囱，这些气烟囱为天然气垂向运移提供了重要通道，是水合物发育一级远景区，显示了气烟囱对气体运移以及水合物成藏的重要作用。

（二）沉积条件

沉积条件研究主要集中在沉积厚度大，最大沉积厚度超过 8800m，主要发育三类沉积相：半深海相、浊积扇相和下切谷沉积相。其中，半深海相在琼东南海域广泛发育，沉积物以泥岩为主，粒度较细；浊积扇相主要发育在琼东南海域东部的东南端和西部区的西北端 . 上述三类沉积相岩性整体来说中等偏细，沉积速率较高，沉积压实作用小，孔隙度大，有利于水合物发育。

（三）气源条件

1. 生物气

在南海北部诸盆地浅部地层中存在大量生物气。根据沉积相分析，琼东南海区更新世—全新世以浅海—半深海沉积为主，局部发育浊积扇、斜坡扇等沉积。该时期沉积层中砂岩含量仅为 15%~35%，大部分地区砂岩含量低于 30 %，以海相细粒沉积物为主；上新世以浅海—半深海沉积为主，局部发育水下高地、碳酸盐礁体、斜坡扇及浊积体等沉积，该时期沉积层中的砂岩含量分布大体在 15%~35%，大部分区域砂岩含量低于 25%，以偏细粒沉积为主；上中新世以三角洲相沉积局部发育浊积扇、斜坡扇等沉积为主，该时期砂岩含量分布大体在 15%~35%，大部分区域砂岩含量低于 25%，以偏细粒沉积为主。由此可见，在调查区内发育有良好的生物气源岩。

何家雄等（2002）对琼东南海域及其相邻海域的油气钻井资料进行研究，生物气主要赋存于新近系全新统—上新统莺歌海组海相粉细砂岩或泥质粉砂岩中。除典型生物气外，琼东南海区还发育介于生物气与低成熟热解气之间的过渡类型的天然气，甲烷碳同位素值均介于生物气与成熟热解气之间。其主要地球化学特征及最突出的特点是：有时与少量低熟油伴生且其湿度和甲烷碳同位素 $\delta^{13}C_1$ 值均介于生物气与成熟热解气之间，但更偏向于生物气，故亦称亚生物气或准生物气。同典型生物气类似，生物—低熟过渡带气也多以水溶气的形式出现，目前发现的以水溶气形式产出的生物—低熟过渡带气主要见于崖南凹陷的崖 13-1 气田的 1 井区上中新统黄流组海相含钙砂岩储层以及松涛凸起 BD19-1 构造中中新统梅山组海相粉细砂岩储层中。生物—低熟过渡带气的组成及地球化学特征与生物气十分相似，有所不同的是生物—低熟气的组成中，重烃含量明显比生物气高。

总之，琼东南海区具备形成大量生物气的有利条件，特别是在一些沉积厚度较大、沉积速率较高的区域，泥岩及有机质含量较高，热成熟度较低，为生物气的大量形成提供了物质保证。具备形成大量生物气的地质条件，为天然气水合物的形成提供了气源保证。

2. 热成因气

热成因气也是形成水合物的重要气源。根据盆地烃源岩发育特征分析，琼东南盆地主要发育多套烃源岩：始新统、渐新统崖城组和陵水组、中新统三亚组和梅山组。古近系是盆地最主要的烃源岩发育时期，主要发育湖泊—滨海沼泽相或半封闭浅海相烃源岩；新近系主要发育海相烃源岩，为盆地内次级的生烃层系；中新统三亚组、梅山组和莺黄组中的泥岩地层具备生成油气的基本条件。盆地中央坳陷是盆地的主力生烃坳陷，北部坳陷和南部断阶为次要生烃坳陷。盆地中央坳陷中松南凹陷、宝岛凹陷、乐东凹陷、陵水凹陷以及北部隆起带上的崖南凹陷均属富生气凹陷，其中松南凹陷和宝岛凹陷属Ⅰ类富生气凹陷，崖南、乐东和陵水凹陷属Ⅱ类富生气凹陷，北礁、崖北和松东凹陷属Ⅲ类生气凹陷，松西凹陷则属Ⅳ类生气凹陷。琼东南盆地具有较高的地热场特征，因此对源岩的热解成烃非常有利，有机质的成熟度可能更高。

钻井岩心样品的地球化学分析显示，琼东南及其邻近海区热解气可分为油型气和煤型气两大类

综上所述，琼东南海区具备形成大量热解气（含油型气和煤型气）的条件，特别是发育了良好的始新统、渐新统崖城组和陵水组、中新统三亚组和梅山组烃源岩，该坳陷是本地区的生烃中心所在，可作为本区天然气水合物重要的气体来源区。

3. 油气田气

继“六五”期间在琼东南盆地首次发现崖城 YC13-1 大气田后，在莺歌海盆地和琼东南盆地的浅层（第四系—上新统）和中深层（上中新统—中中新统）天然气勘探中又获得重大突破，相继发现了 XY-1、乐东（LD）15-1、乐东（LD）8-1 及乐东（LD）22-1 等浅层大中型气田，以及乐东（LD）20-1、乐东（LD）21-1、乐东（LD）28-1、XY29-1 等含气构造。莺—琼盆地属于一个大气区。在已发现气藏中以成熟—高成熟的热成因腐殖型气（煤型气）气藏为主，通过断裂及地层微裂缝向上运移，是天然气水合物的重要气源。

七、南海北部天然气水合物资源潜力及有利区

（一）资源前景

据初步估算，南海北部天然气水合物总资源量可达到（644~777）$\times 10^8$t 油当量，大约相当于我国已探明的陆上和近海石油天然气资源量的一半。

（1）运用深水高分辨率多道地震探测技术，首次发现我国海域天然气水合物的地质地 球物理及地球化学标志，且对其在南海北部陆坡深水区的分布状况进行了判识圈定与评价。

（2）在南海北部陆坡深水区琼东南、西沙海槽、神狐及东沙等调查区均勘查发现了清晰的 BSR、振幅空白带（BZ）、BSR 波形极性反转和地震高速带等反映天然气水合物存在的地震异常标志和生物地球化学异常特征。

（3）圈定了两大成矿带、三大富集区（6 个远景区、19 个成矿区带、25 个有利区块），勘探发现了两个超千亿方级的水合物藏。在此基础上对南海北部天然气水合物资源进行了评价预测，根据目前勘探及研究程度与所获地质资料情况，初步评价预测其天然气水合物资源量可达 800×10^8t 油当量。尤其是 500m 深度以下适宜于大量形成天然气水合物的海域分布广泛，面积达 $14 \times 10^4 km^2$ 以上。这些深水海域均具有形成天然气水合物所必需的高压低温之基本地质条件，且深水海底之下第四系及新近系浅海—半深海相泥岩发育，具备了良好的生烃潜力，能够提供生物气气源和热解气气源（断层裂隙和泥底辟

发育区），完全能够形成展布规模大的天然气水合物稳定带及其水合物矿藏，故其天然气水合物资源潜力巨大（何家雄等，2003）。同时，该区亦是深水油气的有利富集区带，以往的研究表明，深水区存在不同类型的常规油气藏富集区带和一系列有利的勘探目标及靶区（刘铁树等，2001），近年来深水油气勘探成果亦充分证实这一点，如南海北部陆坡东部白云凹陷荔湾 3–1 大气田和南海北部陆坡西部琼东南盆地乐东—陵水凹陷陵水 17–2 等大气田的勘探发现，即是其典型实例。总之，南海北部盆地深水区不仅深水海底浅层天然气水合物资源丰富，而且其深部深水油气资源潜力亦非常大，进而构成了深水海底浅层天然气水合物及浅层生物。

综上所述，在南海北部圈定了 6 个水合物成矿远景区、19 个成矿带、25 个有利区 块、24 个钻探目标区。预测南海北部海域水合物远景资源量达 744×10^8t 油当量。钻探证实在珠江口盆地东部海域和神狐海域发现 2 个千亿方级的水合物藏，为我国海域天然气水合物试采目标实现提供了强大的资源基础。2013 年，在珠江口盆地东部海域 5 个站位钻获高纯度天然气水合物实物样品（图 5–4）。天然气水合物赋存于海底以下 220m 以内的两个矿层中，肉眼可辨，呈层状、块状、结核状、脉状等多种产状。岩心中天然气水合物含矿率平均为 45%~55%，甲烷含量最高达到 99%。钻井控制天然气水合物分布面积 $55km^2$，控制储量达到（1000~1500）$\times10^8m^3$（折算成天然气），规模相当于海上特大型、高丰度常规天然气田。

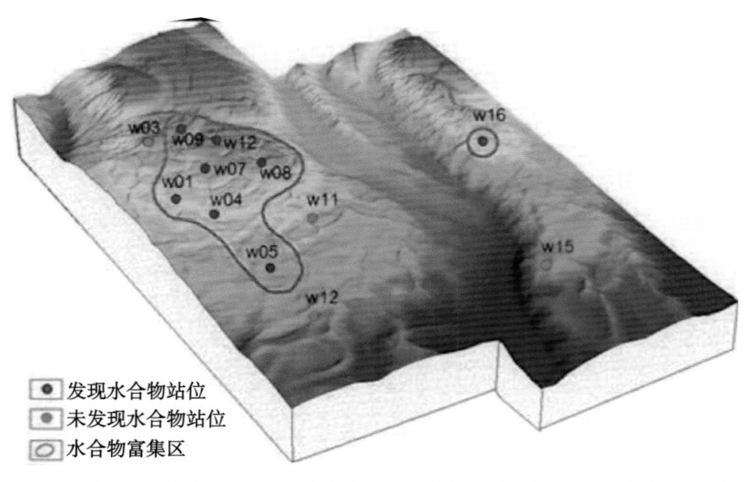

图 5–4　南海北部珠江口盆地东部海域水合物富集范围示意图（2013 年）

（二）分布规律

1. 东沙群岛海域

具有水深较深、沉积厚度大、有机质丰富等特点，有利于天然气水合物的形成与赋存。最有利的控矿构造类型可分为断褶型、滑塌型和气烟囱型三种，从它们对水合物成藏的富集程度、分布范围、影响大小因子来看，应推气烟囱型水合物最占优势，其次是断层型水合物，滑塌型水合物也是一种值得注意的控矿模式之一。

在东沙群岛海域的断裂发育区，特别是北西向断裂切割北东向断裂，而北东向断裂表现出深大型断裂的地区是断褶型控矿构造的主要表现形式，滑塌型控矿构造的天然气水合物主要赋存在滑塌块体和滑塌前缘，气烟囱构造也是一种值得重点注意的控矿构造类型。

2. 南海北部神狐海域

广州海洋局以围绕选取试采地点为主要目标，对神狐海域大量调查资料进行了详细深入的研究，并于 2015 年 5 月下旬完成了神狐海域钻探井位建议报告，2015 年 6 月 2 日—9 月 2 日，圆满完成三个航段的钻探任务。航次合计完成钻孔 23 口，其中先导孔 19 口，取心孔 5 口（4 个站位），取得了重大勘探成果。对钻探获取的水合物岩心样品进行现场分析，取得以下初步认识：一是钻探发现水合物成功率 100%，充分证实资源潜力巨大。结合测井、钻探取心及三维地震资料的综合分析，钻探区水合物分布面积约 $128km^2$，预测资源量高达 $1600 \times 10^8 m^3$，资源潜力巨大。二是水合物矿体储量大，呈高孔隙度、高饱和度特征。在钻探区域内，绝大部分站位的含水合物层在三维地震体上呈连片分布特征，且形成一定规模的矿体。三是首次发现区内存在Ⅱ型水合物，水合物成矿条件独特。现场分析乙烷浓度最大为 1.8%，丙烷浓度最大为 10%（图 5-5）。表明水合物的形成有来自深部热解气，存在Ⅱ型水合物。综合地震、测井及钻探取心资料分析认为水合物稳定带下部赋存丰富的天然气。在钻探过程中，井口视频监控发现由于游离气在海底释放形成大量水合物颗粒。

3. 水中生物气、浅层生物气、热解气与深层油气田气叠置分布

南海北部主要盆地具有“四气”叠置分布特征，现将叠置共生的分布规律进行分析阐述。

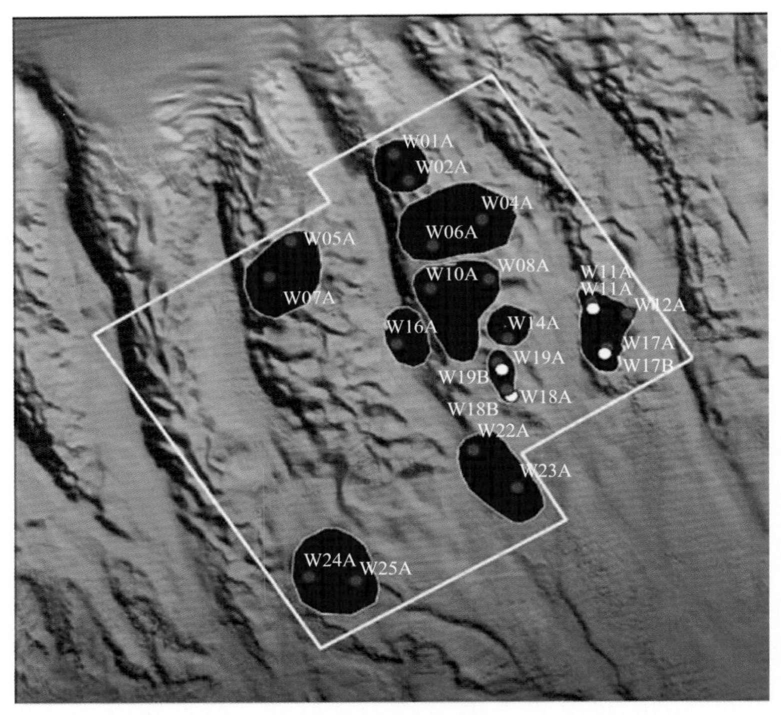

图 5-5 南海神狐海域钻探区天然气水合物矿体平面分布示意图（据广州海洋局，2020）

（1）在盆地构成及演化史上，南海北部深水区以新生代断陷盆地为主，中生代仅局部残留规模较小的盆地，如珠江口盆地东部中生代残留盆地潮汕坳陷。故南海北部准被动大陆边缘盆地深水区以新生代沉积盆地为主体，为四类天然气富集奠定了构造基础。

（2）在油气成藏方面，南海北部深水盆地凹陷展布及沉积充填规模大，存在始新统湖相、渐新统海陆过渡相烃源岩及中新统海相潜在烃源岩，其生烃成藏机制及油气空间分布均具有其特殊性，一般在深部油气藏之上的浅层及深水海底往往存在浅层热解气、生物气及天然气水合物。如珠江口盆地白云凹陷深水区东南部荔湾—流花常规天然气富集区（即神狐天然气水合物调查区）海底及浅层已钻获浅层热解天然气、生物气和天然气水合物，而在其深部油气勘探中则获得了重大天然气发现，存在大中型气田群。表明南海北部准被动陆缘深水区深部常规油气资源与浅层热解气 / 生物气及深水海底天然气水合物非常规油气资源具有纵向叠置之复式富集特征，故其在空间分布上的共生组合关系及成因联系和复式聚集特点明显。因此，基于深水区深部常规油气藏与浅层生物气、热解气和深水海底天然气水合物形成分布上的成因联系和空间上的共生组合关系，以及在空间展布上自下而上所构成的深部常规油气藏、浅层生物气、热解气，超浅层及海底天然气水合物的共生组合及叠置分布特点，可以据此预测和追踪其深部常规油气藏存在的可能性及其分布规律，亦可作为深部油气藏勘探的指引和重要示踪线索，进而指导深水油气勘探决策部署及勘探目标评价优选，同时，这种深部常规油气资源与浅层生物气 / 热解气及海底天然气水合物非常规油气资源的空间共生组合及纵向叠置富集关系的存在，亦大大拓宽了不同类型多种油气资源的勘探领域，进而扩大了资源规模，极大地增强了总的资源潜力（图 5–6、图 5–7）。

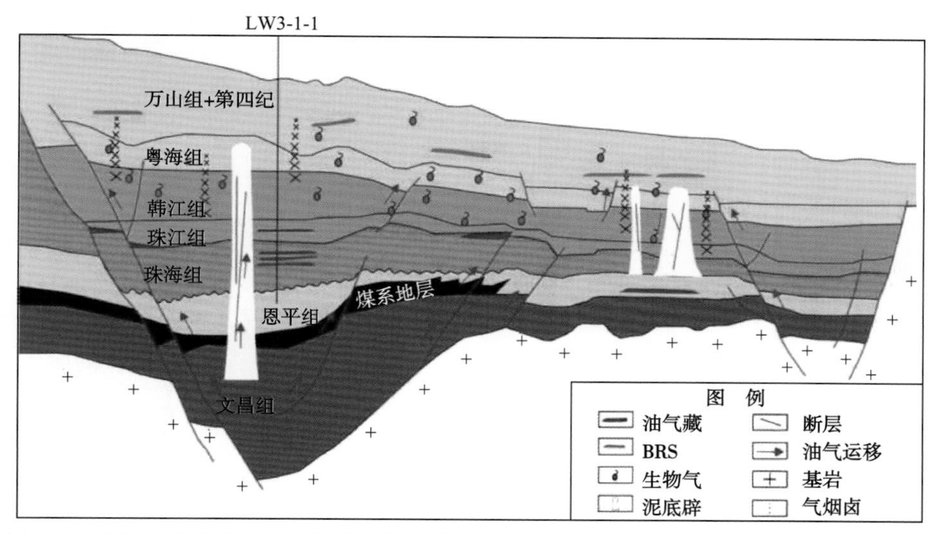

图 5–6　珠江口盆地白云凹陷深水油气与浅层热解气、生物气及海底水合物叠置分布模式

重要油气地质意义如下：其一，深部常规油气藏与浅层生物气及热解气及深水海底天然气水合物形成分布上的共生组合关系及成因联系，大大拓宽了资源勘探领域，扩大了资源规模，增强了资源潜力；其二，由于存在这种自下而上构成的深部常规油气藏与浅层次生油气藏及深水海底天然气水合物的空间共生组合及叠置富集关系，故深水海底天然气水合物分布及浅层次生油气藏的出现，均可指示和追踪深部常规油气藏存在的可能性及其分布规律，亦可作为深部油气藏勘探的重要示踪线索，进而指导深水油气勘探部署及有利勘探目标评价与优选；其三，深水海底浅层沉积物中天然气水合物高压低温稳定带，在地质条件下多为一种渗透率为零的冰状固体物质所组成的极佳油气封隔层，其可作为一种能够有效封盖深部油气非常好的区域性封盖层，故对该区下伏的深部

常规油气藏及浅层次生油气藏这些常规油气资源之流体矿产而言，具有极好的区域性封盖层的作用，能够有效阻止和遏止深部大量油气向浅层运聚过程中的强烈渗漏与大量散失损 耗。简而言之，南海北部深水区深部油气、浅层天然气（生物气 / 热解气）与深水海底浅层天然气水合物的叠置共生复式聚集模式，是沉积盆地中不同类型多种油气资源空间分布的重要规律及特点，借此可规避和减少深水油气及天然气水合物勘探风险，提高勘探成功率，勘探发现更多不同类型的常规和非常规油气资源。

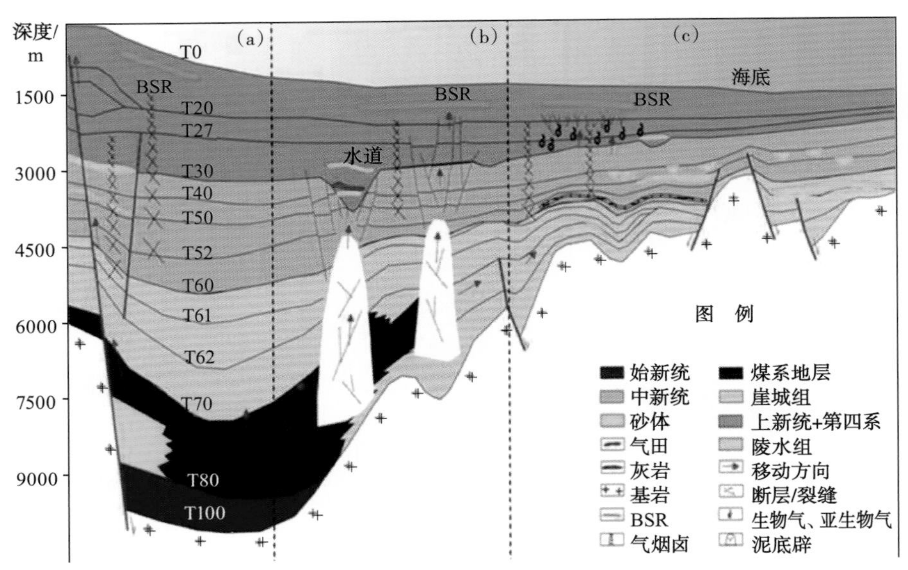

图 5-7 琼东南盆地常规油气与浅层生物气及深水海底水合物叠置分布之成矿成藏系统

八、南海南部海域天然气水合物成藏特征

（一）南海南部海域天然气水合物勘查现状

南海西—南部海域系指北纬 16° 00′ 以南的广大区域，自北而南主要包括中建南盆地、万安盆地、南微盆地、礼乐盆地、巴拉望盆地、北康盆地及南沙海槽盆地、曾母盆地及文莱—沙巴盆地。其周缘分别与越南、印度尼西亚、马来西亚、文莱、菲律宾相毗邻，该区既是太平洋和印度洋海运的主要地区，亦是优良的渔场资源富集区，且蕴藏着丰富的油气资源，南海西—南部油气资源

极其丰富。自 20 世纪初开展大规模油气勘探以来，迄今已勘探发现数百个油气田，是世界上常规油气储量超过百亿吨油当量的巨型大型油气富集区。其总油气总资源规模相当于中国海洋近海油气总资源量的一半，大约为南海北部大陆边缘盆地总油气资源量的 2 倍以上。

我国南海南部天然气水合物资源也是十分丰富。国内外学者在该区域的地震剖面上 发现了大量的 BSR。1984 年德国“太阳”号调查船在南沙海槽东南坡发现 BSR，2000 年在南薇滩、南沙海槽及礼乐滩盆地发现 BSR。1989 年中国科学院南海海洋研究所在南沙由“实验 2 号”船测得的地震调查测线也显示了良好的 BSR 显示。2003 年在南沙海槽发现 BSR。 此外，在南沙群岛海域东缘、南沙地块断陷盆地等均发现 BSR。20 世纪 90 年代中期，中国科 学院南海海洋研究所在进行南沙海区地球化学调查时发现汞量异常极可能与天然气水合物有关（陈汉宗等，1997）。最新的资料显示，壳牌公司在沙巴外海（沙巴—文莱西北婆罗洲峡谷）发现大量的 BSR，且经过钻探证实 BSR 区为天然气水合物储层区。

（二）北康海域天然气水合物成藏特征

为了扩大南海天然气水合物资源远景区，我国于 2015 年度对北康海域水合物调查区进 行了首次概查，北康海域位于我国南海南部北康暗沙西北部，构造上主要位于北康盆地和曾母盆地内。中国地质调查局广州海洋地质调调协查局通过对该区实际采集的在基于 2015 年度采集的资料详细分析基础上，对北康海域水合物成藏的包括温压场、构造、沉积条件在内的成矿要素进行评价，在此基础上，综合评价该区天然气水合物地质—地球物理响应进行综合评价，并最终对该区水合物成矿的有利区块进行预测和评价。北康海域内共划分了五个有利的水合物成矿区。

调查区的海底地形复杂多变，坡度变化不大，离珠江口直线距离约 1900km，水深变化 范围约为 100~2000m，水深线走向大体与海岸线平行。属于我国南海最南端，海区地貌单元包括陆架和陆坡，西南部陆架为巽他陆架的一部分，水深 0~200m。东北部为陆坡区，水深 200~2000m。海底地形复杂多变，发育万安滩、北康暗沙、南康暗沙等礁滩。同时在 调查区的陆坡发育大量的峡谷水道，峡谷水道沿着陆坡由南向北进入到深水区。

1. 区域地质背景

北康盆地是位于南沙中部海域的大型新生代断陷盆地，其西南部以北西走向的廷贾断裂带与曾母盆地相邻，其东部和北部以宽窄不一的隆起带与文莱—沙巴盆地、南沙海槽盆地、安渡北盆地、南薇东盆地和南薇西盆地相隔，面积约 $6.2 \times 10^4 km^2$，水深 100~2000m，新生代沉积厚度最大可超过 13000m。

北康盆地位于现今南海西南部，中始新世开始沉积物大量充填，盆地进入早期发育阶段。

2. 盆地形成

1）断陷阶段（古新世—中始新世）

古新世早期，在南沙地区发生的以拉张背景为主的构造运动（礼乐运动），形成了新生界与前新生界之间的基地不整合界面，区域构造应力场由早期的挤压作用转化为北西—南东向的拉张作用。受此构造运动的影响，北康盆地开始张裂，在岩浆岩、变质岩基底上，出现一系列北东向断陷，并伴随岩浆喷发活动，盆地开始接受陆相—海陆过渡相充填沉积，发育一系列小型沉积中心，盆地雏形形成。

古新世—中始新世，盆地内发育规模较小的北东向张性正断层。北康盆地遭受海侵，从东向西分别充填了滨海偏砂相、浅海砂泥相、滨岸沼泽相、河泛平原沼泽相、湖泊浅滩相、滨浅湖—半深湖泥砂相、冲积平原砂相等地层。

中始新世晚期，南海发生新生代以来第二次张性构造运动（西卫运动）盆地的隆坳构造格局得到进一步加强，北部坳陷沉降中心明显，但沉积中心不突出，盆地开始进入断拗阶段。

2）断拗阶段（晚始新世—中中新世）

晚始新统—下渐新统，早期形成的断陷进一步强化，盆地内充填了冲积平原偏砂相、滨海偏砂相、三角洲砂泥相、浅滩砂相、滨浅海—深海砂泥相等地层。

早、晚渐新世之间发生的南海运动使北康盆地断拗作用进一步扩展，沉积了上渐新统—中中新统滨浅海—半深海相砂泥岩地层。

早中新世末，北康盆地沉积了滨海砂相、滨浅海砂泥相、浊积岩相、半深海偏泥相地层。

中中新世末，向南推挤的南沙地块受力松弛反弹。同时，苏禄海向北扩张，南巴拉望沙巴外来楔形体向西逆掩并与苏拉威地块和西苏拉威地块碰撞，导致巽他地块逆时针旋转并向西北推挤。南沙地块的受力方式由原来的伸展扩张转化为沿块体间或块体内的北西向或近南北向断层走滑活动（廷贾断裂等），在这些断层间交替形成局部剪切拉伸带和剪切挤压带，发育花状构造或Y字形断裂。盆地广泛发育浅海砂泥相、浅海泥灰岩—泥岩相、台地灰岩相、生物礁相、浅海—半深海偏泥相、浊积岩相、火山碎屑岩相、浅滩砂相、浅海砂泥夹火山碎屑岩相等地层。中中新世末的万安运动对盆地的地质构造和沉积地层产生了强烈改造盆地从断拗—走滑转化为碰撞挤压下的普遍隆升并发生褶皱变形，遭受大规模的剥蚀夷平（最大剥蚀厚度可达2000m以上），形成了区域不整合界面（T3）。这一时期也是盆地内断裂、岩浆活动及构造圈闭发育的鼎盛时期，发育的圈闭类型主要为背斜、半背斜、压扭断块、刺穿背斜等构造圈闭以及不整合和岩性圈闭。

3）坳陷阶段（晚中新世—第四纪）

中中新世之后，区域应力场逐渐进入平静松弛状态，盆地进入区域性沉降阶段。盆地的沉降、沉积中心从早期的东北部向西南部转移。盆地发育浅海平深海相沉积，形成了早期充填、后期披覆加积的沉积序列，晚中新世以来，断裂再次活动，从右旋变为左旋。在剪切—拉张应力作用下，盆地内差异沉降作用非常强烈，这一时期，盆地断裂活动明显减弱，大部分断裂已停止活动，仅有少数断裂一直活动至第四纪，而岩浆活动则非常活跃，以中基性、基性岩浆大量喷发为主，并形成海山或海丘。盆地内充填了浅滩砂岩相、浅海—半深海砂泥相、前三角洲偏泥相等地层，盆地的沉降、沉积中心均位于南部坳陷最大厚度超过4000m。

3. 构造区划

根据盆地断层发育特征和沉积盖层展布规律，北康盆地可进一步划分为5个二级构造单元。

1）西部坳陷

坳陷内新生代厚度一般为5000~8000m，最厚处超过10000m。主要为古新世—中中新世沉积，上中新统—第四系较薄。

2）中部隆起带

以北东向展布特征贯穿整个盆地中部，受断层控制明显，该隆起沉积厚度一般在1000~4000m之间，局部大于4000m，在中部隆起带东南部，地质构造复杂，凸凹相间分布格局明显。

3）东北坳陷

整体走向为北东—北东东向，坳陷内沉积厚度约3000~10000m。

4）东南坳陷

位于盆地东南部，北东走向，受断层控制，坳陷内发育两个条带状展布的次级凹陷，该次级构造南北向贯穿于东南坳陷中，沉积厚度相对较大，最厚处超过8000m。

5）东南隆起带

位于盆地东南端，走向北东向，长条状展布，该隆起北缘和西缘为东南坳陷环绕，东缘以廷贾断裂与曾母盆地相隔，东缘以南沙海槽西北缘断裂与南沙海槽盆地相隔。

（三）北康盆地天然气水合物成藏特征

1. 构造特征

北康盆地整体呈现东、西、南三侧高而中间低的构造格局，西北部新生代沉积厚度最大，自东向西跨越了西部坳陷、中部隆起带、东南坳陷、东南隆起等构造单元。区内构造应力复杂，具拉张、挤压、走滑等构造样式。同时区内发育一系列构造，主要包括构造和气烟囱。主要目的层的断层主要集中在调查区东南部，断层多以自新近系开始发育并断至第四系地层的晚期断层为主，但也有部分断穿古近系地层的深大断裂。区内岩浆活动活跃，发育多处海山。

2. 气源条件

大量微生物成因气和热分解成因气的存在是控制天然气水合物形成和分布的一项重要因素。微生物源岩和热成因源岩对于高丰度天然气水合物聚集的形成是非常重要的。

天然气水合物成藏气源条件较好。

3. 运移条件

天然气水合物成藏气体的运移通道主要为断层、裂隙、不整合面、滑塌面砂体输导层及底辟带等构造，这些流体通道在含水合物油气系统中起着非常关键作用，很大程度上直接决定着水合物的分布与规模。

北康海域晚中新世以来断裂较发育，尤其是调查区南部发育的逆断层可以为天然气水合物成藏气源的运移提供了一个良好的运移通道。

同时，北康海域调查区南部分布大量不整合面，发育时期较晚，且发育规模大、数量多、活动时间长，刺穿各套地层，向上直达天然气水合物稳定域，这些都是作为天然气水合物气体运移通道的积极因素。

剖面上气烟囱的出现从成因上推测应是深部高温—高压流体向上运移在浅部地层中的表现，不整合构造作为流体活动为主形成的一致构造类型，伴有大量流体运移是其有别于构造应力作用下形成的相似构造的重要特点之一。中深部高温—高压流体在不断向上运移的过程中，随流体的逸散，温度、压力下降，流体通过小规模断层、裂缝运移，或在浅层尚未 成岩沉积体中，以渗流的方式继续运移至浅部。

因此，北康海域调查区气体运移通道主要以断裂和不整合面为主。

4. 储集条件

根据国内外钻探井眼和岩心资料，水合物在沉积层中的分布随其形成条件而变化。有些岩心中只有零星水合物，分布在富含黏土的沉积物中，而有些岩心中存在多层聚合度很高的天然气水合物，主要分布在砂岩沉积物中。此外，科学家们也发现纯度非常高的固态天然气水合物以裂缝填充物的形式存在于富含黏土的地层中。因此，天然气水合物样品显示出原地天然气水合物样品的物理性质的差异性（Sloan Koh，2008）。归纳起来，天然气水合物主要存在于粗砂岩的孔隙中、弥散于细砂岩的团块中、固体充填裂缝中以及由少数含有固体天然气水合物的沉积物组成的块状单元中。大多数天然气水合物的现场考察都说明，天然气水合物的富集取决于裂缝或粗粒沉积物的分布，在其中天然气水合物存在于裂缝充填物质中或弥散于富砂储集体孔隙中。Torres 等（2008）推理，天然气水合物之所以优 先聚集在粗粒沉积物中，是因为其较低的毛管压力可以实现天然气和水合物晶核的运移。但是，天然气水合物在富黏土沉积物中的发育却知之甚少。Cook 和 Goldberg（2008）认为，一个富黏土的沉积剖面中，当在水中天然气的浓度超过了溶解度，水合物就形成于孔隙分隔的断裂面上，那是最大主应力方向，多数是近垂直断裂。

北康海域所在的主体北康海槽为新生代半地堑沉积盆地，自新生代以来接受了广泛的浅海相、海陆过渡相沉积，累计沉积厚度较大。在盆地发育后期趋于稳定，进入陆坡发育期后沉降速率显著增加，特别是在晚中新世以来，长期的稳定海相沉积环境，形成了几百米到一千多米不等且具有较好连续性的陆坡沉积地层。这些地层在海底主要以未固结的软泥形式或半固结的砂泥岩地层形式存在，往往具有丰富的地层水和较高孔隙度，给甲烷气的聚集、水合物发育及赋存创造了良好的储层条件。本次调查区，上中新统主要发育陆缘三角洲沉积以及深海碳酸盐沉积；上新统为一套浅海—深海相地层，发育半深海沉积体系及陆缘三角洲沉积体系，在陆缘三角洲沉积的斜坡处还发育峡谷—天然堤沉积体系；第四系以发育半深海沉积以及滑塌沉积体系，主要为滑塌沉积。在北康海槽调查工区，中中新世以来，沉积地层厚达 200~2000m，具有较高的沉积速率，同时分析发现调查区 BSR 主要分布在沉积厚度大、沉积速率快以及断层较发育的构造部位，这些部位均靠近主力气源区，而且断层发育，同时这些稳定区域处于气势较低部位，利于浅部地层中浅部微生物气及深部热解气的运移和聚集，从而在这些细粒沉积物中形成具有一定规模效应的天然气水合物矿藏。

综上所述，北康海域具备良好的水合物成矿条件：气源丰富多样，以微生物成因为主并 混合有热成因气体；温压适合，形成的水合物稳定带厚度为 130~230m；良好的流体运移条件，运移通道以断裂和泥底辟为主；储集条件较好，能形成具有一定规模效应的天然气水合物矿藏。

九、东海海域天然气水合物成矿条件预侧

通过多年研究认为，东海海域深水区具备天然气水合物成矿条件。

（一）地质构造

东海盆地是在前新生界基础之上发育起来的新生界断陷盆地。与南海地块上盆地十分相似。区内构造应力复杂，具拉张、挤压、走滑等构造样式。

（二）气源条件

东海盆地油气田是水合物重气源，海底微生物气十分丰富，中浅层热解烃源岩气充足。

（三）沉积条件

自新生代以来接受了广泛的浅海相、海陆过渡相沉积，累计沉积厚度较大。在盆地发育后期趋于稳定，进入陆坡发育期后沉降速率显著增加，特别是在晚中新世以来，长期的稳定海相沉积环境，形成了几百米到一千多米不等且具有较好连续成因和热分解成因烃气，它的存在是控制天然气水合物形成和分布的一项重要因素。这些地层在海底主要以未固结的软泥形式或半固结的砂泥岩地层形式存在，往往具有丰富的地层水和较高孔隙度，给甲烷气的聚集、水合物发育及赋存创造了良好的储层条件。本次调查区，上中新统主要发育陆缘三角洲沉积以及深海碳酸盐沉积；上新统为一套浅海—深海相地层，发育半深海沉积体系及陆缘三角洲沉积体系，在陆缘三角洲沉积的斜坡处还发育峡谷—天然堤沉积体系；第四系以发育半深海沉积以及滑塌沉积体系为主，沉积厚度大，沉积速率快，断层较发育。

（四）运移条件

天然气水合物成藏气体的运移通道主要为断层、裂隙、不整合面、滑塌面砂体输导层及底辟带等构造。这些流体通道在含水合物油气系统中起着非常关键的作用，很大程度上直接决定着水合物的分布与规模。

（五）储集条件

天然气水合物主要存在于粗砂岩的孔隙中、弥散于细砂岩的团块中、固体充填裂缝中以及由少数含有固体天然气水合物的沉积物组成的块状单元中，表明天然气水合物的富集取决于裂缝或粗粒沉积物的分布，东海盆地具备这一条件。

第六章 结 论

通过多年研究与实践，总结出以下几点理论创新认识。

（1）首次提出中国四大海域渤海、黄海、东海及南海，大地构造位置分属四大地块，即华北地块、扬子地块、华夏地块及南海地块。四大地块地质构造特征区别较大，各有特色。

（2）四大海域地层沉积体系较齐全。总体均在前震旦系变质基底之上，发育了古生界、中生界及新生界。但是，由于各海域构造活动有较大差异，地层沉积体系各有不同。目前资料表明渤海海域与黄海海域地层沉积体系齐全，东海海域和南海海域古生界及中生界残缺不全，尤其是南海海域基本缺失古生界，中生界残留不多，主要是新生界。

（3）首次建立了中国四大海域主要构造体系类型：纬向构造体系、华夏构造体系、新华夏构造体系及反S形构造体系。以新华夏构造体系为主导，四大构造复合与联合造就了整个海域构造格局。

（4）建立了海域盆地原型及演化特征。①寒武纪—中奥陶世：裂陷—克拉通盆地（渤海海域黄海海域）。②晚奥陶世—泥盆纪：挤压克拉通盆地（渤海海域黄海海域）。③石炭纪—中三叠世：克拉通内坳陷盆地（渤海海域黄海海域）。④三叠纪—新近世：断陷盆地。

（5）指出了四大海域具有多时代、多层系成藏组合。①多时代烃源岩：寒武系、奥陶系、志留系、石炭系、二叠系、中生界及新生界。各时代发育品质优良厚度较大的暗色泥页岩、泥灰岩及灰岩。②多时代多套成藏组合区内发育六大套成藏组合：震旦系及前震旦系组合、下古生界、上古生界、中生界、新生界及复合型组合。目前，油气主要发现于新生界。

（6）中国海域油气资源十分丰富潜力巨大。①目前勘探程度很低（渤海海域除外）的状况下初步计算海域油气资源总量为油 234×10^{8}t、气 20×10^{12}m^{3}（非常规气 10×10^{12}m^{3}）。②油气资源转化率低，约为 15%~18%。

（7）首次确立了“南海地块”的存在，并提出南海地块天然气水合物成藏是世界上最富有的地区。①天然气水合物气源充足：生物气、热解气及油气田气均有，目前已发现的气田达 400 多个。②成藏环境优越：南海海域四周被四个地块（大陆）环抱，各大陆供给有机质十分丰富；沉积条件以泥土及粉细砂为主，形成丰富的扇三洲；该区为地热区，有利于天然气形成；区内发育多个新生代断陷，地形隆坳相间；新生代以来构造活动强烈，使本区断裂十分发育，造就了天然气向上运移的通道。所以，天然气资源十分丰富，初算资源量为 800×10^{8}t 油当量。目前已经在北部珠江口盆地神狐梁深水区发现储量较大的天然气水合物藏并于 2017 年试采成功稳产 60 天，2020 年进行第二次试采成功。尤其，在南海地块周边新生代断陷盆地多处发现天然气水合物，展现了天然气水合物资源十分丰富，可能成为世界之最。

（8）系统评价了中国海域油气资源，提出了油气分布规律和油气勘探有利区。

参考文献

［1］陈晓东，张功成，范廷恩，等．渤海海域天然气藏类型和形成条件分析［J］．中国海上油气，2001，15（1）：72–78.

［2］代黎明，李建平，周心怀，等．渤海海域新近系浅水三角洲沉积体系分析［J］．岩性油气藏，2007，19（4）：75–81.

［3］《中国油气田开发志》总编纂委员会．中国油气田开发志（卷二十六）渤海油气区卷［M］．北京：石油工业出版社，2011.

［4］蔡乾忠．中国海域油气地质学［M］．北京：海洋出版社，2005.

［5］鲍晓欢．渤中地区油气输导体系与成藏机理［D］．武汉：中国地质大学，2008.

［6］毕力刚，李建平，齐玉民，等．渤海青东凹陷垦利构造新生代微体古生物群特征及古环境分析［J］．古生物学报，2009，48（2）：316–323.

［7］陈荣书．石油及天然气地质学［M］．武汉：中国地质大学出版社，1994.

［8］陈少平，刘丽芳，黄胜兵，等．湖相碳酸盐岩–渤中凹陷油气勘探新领域［J］．中国海上油气，2019，31（2）：20–28.

［9］陈少平．歧口凹陷大型远岸水下扇成因［J］．大庆石油地质与开发，2015，34（4）：21–27.

［10］戴金星，工庭斌，宋岩，等．中国大中型气田形成条件与分布规律［M］．北京：地质出版社，1997.

［11］邓运华，薛永安，于水，等．浅层油气运聚理论与渤海大油田群的发现［J］．石油学报，2017，38（1）：1–8.

［12］付广，许凤鸣．盖层厚度对封闭能力控制作用分析［J］．天然气地球科，2003，14（3）：186–190.

［13］龚再升，蔡东升，张功成．郯庐断裂对渤海海域东部油气成藏的控制作用［J］．石油学报，2007，28（4）：1–10.

［14］郭太现，苏彦春．渤海油田稠油油藏开发现状和技术发展方向［J］．中国海上油气，2013，25（4）：26-35.

［15］何仕斌，朱伟林，李丽霞．渤中坳陷沉积演化和新近系储盖组合分析［J］．石油学报，2001，22（2）：38-43.

［16］江涛，李慧勇，于海波，等．渤海西部沙垒田凸起东西段油气成藏差异性［J］．断块油气田，2016，23（1）：16-20.

［17］姜福杰，庞雄奇，姜振学，等．渤海海域沙三段烃源岩评价及排烃特征［J］．石油学报，2010，31（6）：906-912.

［18］姜雪．辽东湾地区湖相烃源岩发育演化与油气富集机理［D］，北京：中国石油大学，2010.

［19］蔡东升，冯晓杰，张川燕，等．黄海海域盆地构造演化特征与中古生界油气勘探前景探讨［J］．海洋地质动态，2002，18（11）：23-24.

［20］戴春山．中国海域含油气盆地群和早期评价技术［M］．北京：海洋出版社，2011.

［21］杜民，王后金，王改云，等，北黄海盆地东部坳陷中新生代的叠合盆地特征及其成因［J］．海洋地质与第四纪地质，2016，36（5）：85-96.

［22］侯方辉，张训华，张志殉，等．南黄海盆地古潜山分类及构造特征［J］．海洋地质与第四纪地质，2012，32（4）：85-92.

［23］郝天珧，刘建华，SUH M 等，黄海及其邻区深部结构特点与地质演化［J］．地球物理学报，2003，46（6）：803-808.

［24］何将启，梁世友，赵永强，等．北黄海盆地地质构造特征及其在油气勘探中的意义［J］．海洋地质与第四纪地质，2007，27（2）：101-105.

［25］李慧君，张训华，牛树根，等．黄海盆地地质构造特征及其形成机制［J］．海洋地质与第四纪地质，2011，31（5）：73-78.

［26］李刚，张燕，陈建文，等．黄海海域陆相中生界地震反射特征及靶区优先［J］．中国海洋大学学报，2004，34（6）：1066-1074.

［27］李廷栋，莫杰，许红．黄海地质构造与油气资源［J］．中国海上油气，2003，17（2）：79-88.

［28］赵淑娟，李三忠，索艳慧，等．黄海盆地构造特征及形成机制［J］．地学前缘，2017，24（4）：239-248.

［29］高丹，程日辉，沈艳杰，等．北黄海盆地东部坳陷侏罗纪西南物源－沉积体系与源区构造背景［J］．地球科学，2016，41（7）：1171–1187.

［30］庞玉茂，张训华，肖国林，等．下扬子南黄海沉积盆地构造地质特征［J］．地质论评，2016，62（3）：604–616.

［31］徐旭辉，周小进，彭金宁．从扬子地区海相盆地演化改造与成藏浅析南黄海勘探方向［J］．石油实验地质，2014，36（5）：523–531+545.

［32］刘振湖，王飞宇，刘金萍，等．北黄海盆地东部坳陷油气成藏时间研究［J］．石油实验地质，2014，36（5）：550–554.

［33］张银国，梁杰．南黄海盆地二叠系至三叠系沉积体系特征及其沉积演化［J］．吉林大学学报（地球科学版），2014，44（5）：1406–1418.

［34］王明健，张训华，肖国林，等．南黄海盆地南部坳陷三叠纪以来的构造演化与油气成藏［J］．天然气地球科学，2014，25（7）：991–998.

［35］闫桂京，许红，杨艳秋．苏北—南黄海盆地构造热演化特征及其油气地质意义［J］．天然气工业，2014，34（5）：49–55.

［36］刘金萍，王改云，杜民，等．北黄海盆地东部坳陷中生界烃源岩特征［J］．中国海上油气，2013，25（4）：12–16.

［37］林年添，高登辉，孙剑，等．南黄海盆地青岛坳陷二叠系、三叠系地震属性及其地质意义［J］．石油学报，2012，33（6）：987–995.

［38］赵志刚，王鹏，祁鹏，等．东海盆地形成的区域地质背景与构造演化特征［J］．地球科学，2016，41（3）：546–554.

［39］刘敬稳，刘建忠，郭弟均，等．月球东海盆地综合解析与撞击初始条件的研究［J］．岩石学报，2016，32（1）：135–143.

［40］高伟中，杨彩虹，赵洪．东海盆地西湖凹陷热事件对储层的改造及其机理探讨［J］．石油实验地质，2015，37（5）：548–554.

［41］曹倩，徐旭辉，曾广东，等．东海盆地西湖凹陷天然气及原油地化特征分析［J］．石油实验地质，2015，37（5）：627–632.

［42］苏奥，陈红汉．东海盆地西湖凹陷油岩地球化学特征及原油成因来源［J］．地球科学（中国地质大学学报），2015，40（6）：1072–1082.

［43］苏奥，陈红汉．东海盆地西湖凹陷宝云亭气田油气成藏史——来自流体包裹体的证据［J］．石油学报，2015，36（3）：300–309.

［44］朱伟林，吴景富，张功成，等．中国近海新生代盆地构造差异性演化及油气勘探方向［J］．地学前缘，2015，22（1）：88–101.

［45］郭真，刘池洋，田建锋．东海盆地西湖凹陷反转构造特征及其形成的动力环境［J］．地学前缘，2015，22（3）：59–67.

［46］孙灵芝，凌宗成，刘建忠．月球东海盆地的矿物光谱特征及遥感探测［J］．地学前缘，2014，21（6）：188–203.

［47］张喜林．东海盆地西湖凹陷中—下始新统宝石组沉积特征［J］．地球科学与环境学报，2014，36（3）：31–37.

［48］苏奥，陈红汉，曹来圣，等．东海盆地丽水凹陷油气成因、来源及充注过程［J］．石油勘探与开发，2014，41（5）：523–532.

［49］白莹．中国东部中新生代盆地演化特征及构造迁移规律［D］．北京：中国地质大学，2014.

［50］王文娟，张银国，张建培．东海盆地西湖凹陷渐新统花港组地震相特征及沉积相分布［J］．海相油气地质，2014，19（1）：60–68.

［51］张功成，邓运华，吴景富，等．中国近海新生代叠合断陷煤系烃源岩特征与天然气勘探方向［J］．中国海上油气，2013，25（6）：15–25.

［52］蔡全升，胡明毅，胡忠贵，等．东海盆地西湖凹陷中央隆起带古近系花港组储层特征及成岩孔隙演化［J］．天然气地球科学，2013，24（4）：733–740.

［53］王鹏，赵志刚，张功成，等．东海盆地钓鱼岛隆褶带构造演化分析及对西湖凹陷油气勘探的意义［J］．地质科技情报，2011，30（4）：65–72.

［54］张莉，李文成，李国英，等．南沙东北部海域礼乐盆地含油气组合静态地质要素分析［J］．中国地质，2004，31（3）：320–324.

［55］张敏强，钟志洪，夏斌，等．莺歌海盆地泥－流体底辟构造成因机制与天然气运聚［J］．大地构造与成矿学，2004.28（2）：118–125.

［56］张伟，何家雄，李晓唐，等．南海北部大陆边缘琼东南盆地含油气系统［J］．地球科学与环境学报，2015，37（5）：80–92.

［57］张智武，吴世敏，樊开意，等．南沙海区沉积盆地油气资源评价及重点勘探地区［J］．大地构造与成矿学，2005，29（3）：418–424.

［58］赵志刚．南海中南部主要盆地油气地质特征［J］．中国海上油气，

2018，30（4）：45–55.

［59］周蒂，孙珍，陈汉宗，等. 南海及其围区中生代岩相古地理和构造演化［J］. 地学前缘，2005，12（3）：204–218.

［60］周祖翼，李春峰. 大陆边缘构造与地球动力学［M］. 北京：科学出版社，2008.

［61］朱伟林，吴景富，张功成，等. 中国近海新生代盆地构造差异演化及油气勘探方向［J］. 地学前缘，2015，22（1）：88–101.

［62］吴能友，张海启，杨胜雄，等. 南海神狐海域天然气水合物成藏系统初探［J］. 天然气工业，2007，27（9）：1–6.

［63］吴时国，赵学燕，董冬冬，等. 南沙海区礼乐盆地碳酸盐台地地震响应及发育演化. 地球科学—中国地质大学学报，2011，36（5）：807–814.

［64］吴世敏，丘学林，周蒂. 南海西缘新生代沉积盆地形成动力学探讨［J］. 大地构造与成矿学. 2005，29（3）：346–353.

［65］夏戡原，黄慈流，黄志明，等. 南海及邻区中生代（晚三叠世—白垩纪）地层分布特征及含油气性对比［J］. 中国海上油气，2004，16（2）：73–83.

［66］谢锦龙，黄冲，向峰云. 南海西部海域新生代构造古地理演化及其对油气勘探的意义［J］. 地质科学. 2008，43（1）：133–153.

［67］熊莉娟，李三忠，索艳慧，等. 南海南部新生代控盆地断裂特征及盆地群成因［J］. 海洋地质与第四纪地质，2012，32（6）：113–127.

［68］吴能友，张海启，杨胜雄，等. 南海神狐海域天然气水合物成藏系统初探［J］. 天然气工 业，2007，27（9）：1–6.

［69］苏丕波，何家雄，梁金强，等. 南海北部陆坡深水区天然气水合物成藏系统及其控制因素［J］. 海洋地质前沿，2017.33（7）：1–10.

［70］梁金强，张光学，陆敬安，等. 南海东北部陆坡天然气水合物富集特征及成因模式［J］. 天 然气工业，2015，36（10）：157–162.

［71］梁金强，王宏斌，苏新，等. 南海北部陆坡天然气水合物成藏条件及其控制因素［J］. 天然气工 业，2014，34（7）：128–135.

［72］朱伟林，吴景富，张功成，等. 中国近海新生代盆地构造差异性演化及油气勘探方向［J］. 地学前缘，2015，22（1）：88–101.

［73］张光学，梁金强，陆敬安，等．南海东北部陆坡天然气水合物藏特征［J］．天然气工业，2014，34（11）：1–10.

［74］姚伯初．南海天然气水合物的形成与分布［J］．海洋地质与第四纪地质，2005，25（2）：81–90.

［75］杨胜雄，梁金强，陆敬安，等．南海北部神狐海域天然气水合物成藏特征及主控因素新认识［J］．地学前缘，2017，24（4）：1–14.

［76］苏丕波，何家雄，梁金强，等．南海北部陆坡深水区天然气水合物成藏系统及其控制因素［J］．海洋地质前沿，2017.33（7）：1–10.

［77］潘继平，金之均．中国油气资源潜力及勘探战略［J］．石油学报，2004，25（2）：1–6.

［78］刘光鼎，陈洁．中国海域残留盆地油气勘探潜力分析［J］．地球物理学进展，2005，20（4）：881–888.

［79］李友川，傅宁，张枝焕．南海北部深水区盆地烃源条件和油气源［J］．石油学报，2013，34（2）：247–254.

［80］康玉柱．中国主要构造体系与油气分布［M］．乌鲁木齐：新疆科技卫生出版社，1999.

［81］康玉柱．中国非常规油气地质学［M］．北京：地质出版社，2015.

［82］康玉柱，孙红军，康志宏，等．中国古生代海相油气地质学［M］．北京：地质出版社，2011.

［83］康玉柱，王宗秀，康志宏，等．柴达木盆地构造体系控油作用研究［M］．北京：地质出版社，2010.

［84］康玉柱，王宗秀，康志宏，等．准噶尔—吐哈盆地构造体系控油作用研究［M］．北京：地质出版社，2011.

［85］康玉柱．塔里木盆地石油地质特征及油气资源［M］．北京：地质出版社，1996.

［86］康玉柱．全球构造体系概论［M］．北京：地质出版社，2018.

［87］康玉柱．中国西北地区油气地质特征及资源评价［M］．乌鲁木齐：新疆科技卫生出版社，1997.

［88］康玉柱，蔡希源．中国古生代海相油气田形成条件与分布［M］．乌鲁木齐：新疆科技卫生出版社，2002.

［89］康玉柱，甘振维，康志宏，等．中国主要盆地油气分布规律与勘探经验［M］．乌鲁木齐：新疆科技出版社，2004.

［90］康玉柱．世界油气分布规律及发展战略［M］．北京：地质出版社，2016.

（由于篇幅有限，参考文献未全部列出）